新疆细毛羊(公)

青海高原半
细毛羊(公)

澳大利亚美利
奴羊(超细型)

1

萨福克羊(公)

夏洛莱羊

小尾寒羊(公)

2

波尔山羊(公)

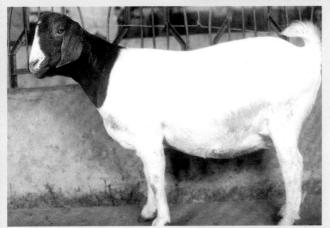

波尔山羊(母)

南江黄羊(公)

3

萨能山羊(母)

关中奶山羊(母)

崂山奶山羊(母)

4

《全国"星火计划"丛书》

养 羊 技 术 指 导

（第三次修订版）

卢泰安　编著

金盾出版社

内 容 提 要

本书由甘肃农业大学卢泰安教授编著。内容包括：养羊业概论、绵羊品种、绵羊改良与育种、绵羊的繁殖和羔羊培育、绵羊的饲养管理、绵羊业产品、山羊等七章。内容翔实，技术先进实用，语言通俗易懂，适合各类羊场、养羊户、基层畜牧技术人员及农业院校相关专业的师生学习使用。

图书在版编目（CIP）数据

养羊技术指导/卢泰安编著．— 第 3 次修订版．— 北京：金盾出版社，2005.7(2019.5 重印)

ISBN 978-7-5082-3349-9

Ⅰ．①养… Ⅱ．①卢… Ⅲ．①羊-饲养管理 Ⅳ．① S826

中国版本图书馆 CIP 数据核字(2004)第 110484 号

金盾出版社出版、总发行

北京市太平路 5 号(地铁万寿路站往南)

邮政编码：100036　电话：68214039　83219215

传真：68276683　网址：www.jdcbs.cn

三河市双峰印刷装订有限公司印刷、装订

各地新华书店经销

开本：787×1092 1/32　印张：9.5　彩页：4　字数：205 千字

2019 年 5 月第 3 次修订版第 37 次印刷

印数：615 001～618 000 册　定价：29.00 元

序

经党中央、国务院批准实施的"星火计划",其目的是把科学技术引向农村,以振兴农村经济,促进农村经济结构的改革,意义深远。

实施"星火计划"的目标之一是,在农村知识青年中培训一批技术骨干和乡镇企业骨干,使之掌握一二门先进的适用技术或基本的乡镇企业管理知识。为此,亟需出版《"星火计划"丛书》,以保证教学质量。

中国出版工作者协会科技出版工作委员会主动提出愿意组织全国各科技出版社共同协作出版《"星火计划"丛书》,为"星火计划"服务。据此,国家科委决定委托中国出版工作者协会科技出版工作委员会组织出版《全国"星火计划"丛书》并要求出版物科学性、针对性强,覆盖面广,理论联系实际,文字通俗易懂。

愿《全国"星火计划"丛书》的出版能促进科技的"星火"在广大农村逐渐形成"燎原"之势。同时,我们也希望广大读者对《全国"星火计划"丛书》的不足之处乃至缺点、错误提出批评和建议,以便不断改进提高。

《全国"星火计划"丛书 》编委会

第三次修订版前言

《养羊技术指导》自 1986 年出版发行以来，依据我国养羊生产不断发展的形势和读者反馈的意见和问题，至 2004 年 6 月已进行过两次修订，22 次印刷，印数达 51.2 万册，这表明本书受到读者一定的认可。但从笔者来讲，虽每次修订再版时，都想尽心尽力地写好，但又因种种原因而难以十分满意。这次第三次修订版的内容，在第二次修订版的基础上，遵照科学性、先进性、实用性的原则，对全书内容作了较多的修改。其中新增的第一章养羊业概论，对当前国内外养羊生产发展趋势和我国养羊业当前发展特点及发展前景作了较为详细的介绍，借以扩展广大养羊工作者的视野，以便更好地为养羊生产服务。全书围绕肉羊（包括绵羊、山羊）、超细毛型细毛羊及绒山羊三个重点，较全面系统地介绍了当前我国饲养的主要绵羊、山羊品种的特征特性和生产性能，品种改良及育种，繁殖技术，放牧与补饲饲养管理技术，肉羊肥育技术，以及羊场布局、羊舍设计建设等内容。其中更多的是根据读者咨询的主要问题，增加了可操作性的内容。由于笔者水平所限，不当之处在所难免，谨望读者批评指正。

卢泰安

2005 年 2 月

目　　录

第一章　养羊业概论

第一节　我国养羊业发展概况

一、我国养羊业发展的主要成就

我国是世界养羊大国,养羊约有 5000 年的历史,羊历来是我国各族人民的重要的生产资料和生活资料,对推动社会进步和经济发展起到了其他畜种不可代替的特殊作用。1949年新中国成立后,全国广大畜牧工作者和农牧民群众,在党和政府的领导下,经过半个多世纪的艰苦工作和辛勤劳动,使我国的养羊业实现了历史性突破,这主要体现在以下几个方面。

其一,我国绵羊、山羊品种资源更加丰富多样。据 20 世纪90 年代末统计,我国已有绵羊品种 79 个,山羊品种 48 个。在绵羊品种中,有以新疆细毛羊、中国美利奴羊、青海高原半细毛羊、中国卡拉库尔羊等为代表。我国新培育的细毛羊、半细毛羊、羔皮羊品种 19 个;有以澳洲美利奴羊、考力代羊、边区莱斯特羊、无角陶赛特羊、卡拉库尔羊等为代表,从国外引入的细毛羊、肉毛用半细毛羊、肉用羊和羔皮羊品种 25 个;有我国地方良种和地方品种 35 个。在地方良种中,以小尾寒羊、湖羊为代表的多胎品种是发展肉羊产业的极佳母本品种,还有世界著名的裘皮品种——滩羊,都是我们的"国宝"品种。在山羊品种中,有我国培育的西农奶山羊、关中奶山羊、崂山奶山羊、南江黄羊等奶用、肉用品种 4 个;有从国外引入的萨能羊、波尔羊、安哥拉羊等奶用、肉用、毛用品种 5 个;有以中卫裘皮山羊、辽宁绒山羊、内蒙古白绒山羊等为代表的我国地方良种和地方品种 39 个,这些品种分属绒用、羔裘皮用、肉用和毛用等不同用途。如此丰富多样的品种资源是我国养羊业得以持续发展的重要的遗传素材,我们不仅要十分珍惜它们,更重要的是保护好和利用好它们。

其二,我国羊只数量和羊产品产量大幅增长。到 2002 年末,全国羊存栏数为 3.166 亿只,其中绵羊 1.438 亿只,山羊 1.728 亿只。我国羊年饲养量、存栏数、羊肉产量、山羊绒产量、生羊皮产量等均居世界第一位,羊毛产量居世界第二位,与 1949 年相比,绵羊数量增长 5.4 倍,山羊数量增长 10.6 倍,羊肉增长 16.3 倍,绵羊毛增长 11.5 倍。

其三,养羊常规应用技术全面普及,胚胎移植、转基因、克隆等高新技术,正从实验研究阶段开始向生产应用阶段转移。绒用山羊的选育和杂交育种,肉用羊生产方面的杂交利用等取得了重大进展。

其四,广大农区养羊迅猛发展。特别是自 1994 年以来,在全国实施的"秸秆养羊示范县"项目,进一步拓宽了我国养羊业发展的空间,也推动了半农半牧区乃至牧区养羊业结构的调整和养羊方式的变革。与此同时,随着改革开放的深入发展和城乡人民生活水平的不断提高,对羊肉的消费需求大幅增长,一批规模化产业化的肉羊生产基地正在农区兴起,科学研究与养羊生产相结合的科技转化格局和牧工商集约化经营模式开始形成。农区养羊业的兴起,加快了常规应用技术的组装与配套,反过来又进一步地促进了农区养羊业发展的良性循环。但必须指出,我国农区养羊的潜力并未得到充分开发,还有很大发展空间有待拓展利用。

二、我国养羊业存在的主要问题

从整体水平看,发展速度快是我国养羊业的一大特点。但我国绵羊和山羊良种化程度低,生产性能不高;科技成果向生产方面的转化慢,劳动生产率低。因此,我国养羊业每年向社会提供的羊产品(羊肉、羊毛、羊皮、山羊绒等)的数量和质量,都不能满足我国国民经济日益发展的需要,2000年我国人均羊肉占有量仅为2.4千克。所以,我国还不是养羊强国。同一些发达国家的养羊业相比,我国养羊业的生产管理和科技水平还比较落后。比如,20世纪90年代中期,我国屠宰羊只的平均胴体重约12千克,平均每只存栏羊的产肉量约7.5千克,平均每只存栏羊的产毛量2.18千克,同养羊业发达国家尚有较大差距。具体说来,我国养羊业存在的问题可归纳为以下四点。

其一,长期片面追求发展速度,追求养殖数量和总产,对品种结构的调整和改良重视不够,因而造成牧区草原超载放牧,草原退化,草原生态恶化。与此同时,牧区水、电、路、棚圈建设、人居住宿条件和饲料生产等基本生产、生活条件未能有效改善,基本上仍在"靠天养羊",因而导致牧区养羊数量和质量呈现下降趋势。农区养羊因农牧矛盾、林牧矛盾等传统思想的影响,认识上重视不够,投入少,也缺少统筹规划和综合服务。因此,我国大部分农区养羊资源未得到充分合理利用,就是已经兴起的农区养羊地区,大部分也还停留在千家万户的小生产状态,饲养管理仍较粗放,低投入、低产出,难以形成规模饲养和规模效益。这种分散经营和粗放的饲养管理方式,难以合理有效地发挥当地资源潜力,而且还制约着综合配套先进技术的普及和应用。

其二,农牧区基础设施和技术装备滞后,从事养羊生产第一线的基层技术力量薄弱,直接制约着应用技术的转化和整体生产水平的全面提高。比如当前我国国内市场对羊肉需求急剧增长,这大大刺激了肉羊产业的发展,而使我国很多地区掀起了肉羊饲养热潮,但至今所生产的羊肉,在数量和质量上仍不能满足市场需求,市场上销售的羊肉仍以成年羊肉为主,羔羊肉占的比例则较小,所以肉羊业发展还有很大空间。就在肉羊业发展的大好形势下,我们也看到有相当一部分很想发展肉羊生产的农牧民并不懂得如何生产肉羊,用什么品种繁殖肉羊,怎样肥育肉羊等问题;而这些问题的解决,就需要一批专业技术人员为他们提供技术服务,并尽快改善产区的基础设施,提供发展肉羊产业所必需的相应技术设备。

其三,绵羊和山羊品种良种化程度低,生产力水平不高。20世纪90年代中期,我国细毛羊、半细毛羊及其杂种羊的数量约占同期全国绵羊总数的1/3,在一些细毛羊、半细毛羊改良地区还出现了用当地土种羊回交倒退的现象,而真正培育的肉用绵羊品种还是空白。山羊的良种比例则更低,除了辽宁绒山羊、内蒙古白绒山羊、中卫裘皮山羊等地方良种外,培育品种有西农奶山羊、关中奶山羊、崂山奶山羊、南江黄羊等。其中仅有南江黄羊为培育的肉用山羊品种。其余绝大部分山羊是没有特殊生产用途的地方品种,生产性能低下。因此,我国养羊业的总体生产水平和产品质量均因此而受到很大影响。

其四,养羊生产跨地域联片规模化产业化基地建设刚刚起步,尚处在改革、转制的初级阶段,还需要一个比较长期的运作和调整过程。

第二节　我国养羊业发展前景

一、世界养羊业发展趋势

据联合国粮农组织(FAO)资料,20 世纪 90 年代的 10 年间,世界羊毛产量减少 0.09%,而羊肉产量却增长了 10.6%;1991 以前的 30 年中,世界绵羊数量净增 18.5%,山羊净增 59.9%。这反映出这一时期山羊发展快于绵羊,羊肉增长高于羊毛。世界养羊业方向明显地从毛用、毛肉兼用向肉用、肉毛兼用转化,羊肉生产的地位超过羊毛生产而居养羊业的首位,是 40 年来世界养羊生产的显著特点和发展的基本定势。

在肉羊业上,着重发展 4～6 月龄肥羔生产。由于 6 月龄前的羔羊具有生长速度快、饲料报酬高、饲养成本低、胴体品质好、羔羊肉价格高等特点,其生产在国际上已占主导地位。新西兰、美国、英国、法国等国的肥羔肉生产量已占其羊肉总产量的 75%以上,澳大利亚也已达到 70%。大多数国家要求肥羔胴体重 15～20 千克,美国要求 20～25 千克,荷兰则要求 25～28 千克的大胴体。在肉羊繁殖方面,充分利用经济杂交后代的杂种优势,并在多元杂交的基础上,形成成熟的杂交体系模式。与此同时,还应用现代繁殖技术和环境调控手段,促使母羊早发情、早配种,羔羊早断奶,以及诱导分娩等措施来尽量缩短母羊非繁殖时间,达到繁殖母羊一年产两胎或两年产三胎的频密产羔目的。通过同期发情技术的应用,做到集中配种,集中产羔,规模肥育,统一出栏上市。在肥育方法方面,主要是根据羔羊的生理特点和营养需要配制全价日粮,采用工厂化舍饲饲养方式,使肥育羔羊按期达到上市标准活重。

在细毛羊业方面,近10多年来又出现了在羊毛细度要求上的划时代重大变革,即从一般细毛羊向细型、超细型细毛羊的转化。如澳大利亚近10年减产的羊毛主要是60～64支的一般细羊毛,而毛纤维直径19微米以下的细型和超细型羊毛反而大幅增长,并且80支、90支细度的超细型细毛羊目前已大批量培育成功。可以肯定,今后世界细毛羊养羊业的发展必然是生产方向与社会市场需求同步协调,细毛羊应用技术的创新也必然随其生产方向、生产方式方法的转变而发展,即必然围绕细型、超细型羊毛的优质高效生产而开展创新研究,进一步调整完善细毛羊品种类型结构,加快新的专门化品种的培育。与此同时,通过资源的优化配置、合理利用,及其与生态环境的和谐统一,加上科学合理的投入与优质高效的产出,未来细毛羊业将会产生更大的经济效益。

二、我国养羊业展望

我国自1996年1月农业部正式批准成立国家畜禽遗传资源管理委员会以来,将品种保护及种畜生产管理工作纳入重要议事日程,绵羊、山羊品种保护名录已明确下达,种畜管理条例也已公布实施,这对我国养羊业发展必将产生深远影响。当前我国养羊业发展主要表现在三个方面:一是肉用养羊产业的蓬勃发展;二是绒用山羊品种选育与改良;三是优质细毛型细毛羊新品系、新品种培育。这三方面都已有良好开端,而且成效显著。

(一)关于肉用羊的发展问题

1. 科学合理地利用好从国外引进的肉用羊品种　目前,我国绵羊、山羊肉用羊的发展处于持续上升的时期,并将继续成为我国养羊业的热点。近20年来,我国不少省(自治区)先后从国外引进波尔山羊、无角陶赛特羊、夏洛来羊、萨福克羊、特克塞尔羊、德国美利奴羊等肉用品种。这些品种都是当今世界著名的肉用品种，引进它们对提高我国羊肉生产质量，改变我国肉羊生产面貌将发挥重要作用。如何科学合理地利用好这些引进的肉用品种十分重要。为此，一方面利用这些种羊在我国广大农区、半农半牧区以及部分牧区，广泛地开展与当地羊杂交，并尽可能采用人工授精配种。所生杂种一代公羔用于肥羔生产，杂种一代母羔则留种繁殖，以生产级进杂种二代或三元杂交种，其中各代公羔仍作为肉用肥羔出售，母羔则视情况选留或作为肥羔出售；另一方面进行纯种繁殖，尽快扩大数量，为广大地区的肉羊生产提供种羊。当前，由于肉用种羊数量还远远不能满足国内肉羊生产发展的需求，价格居高不下，从而引诱不少人盲目投资建场引种繁殖，形成某种程度上的"炒种"热潮。必须指出，引进肉用品种羊的最终目的还是为了生产更多更好的羊肉，决不可把眼光完全放在"炒种"上。一旦种羊数量超过需求时，就会给养羊生产者乃至整个肉羊业生产造成损失。所以建议地区主管部门，对引入种羊的经营管理要有一个地区规划和合理引导，以确保种羊的数量和质量。

2. 注重肉用山羊业发展与地方品种资源保护　在我国肉羊业中，肉用山羊的发展是一个主要方面，全国羊肉总产量中山羊肉约占60%。肉用山羊主要集中在我国中原及南方广大地区的22个省、市、自治区。这些地区早在20世纪80年代初，曾引进萨能山羊、吐根堡山羊、努比山羊等奶山羊品种杂交改良当地山羊。改良后的杂种羊，在产奶量提高的同时，体格明显增大，体重较当地山羊高出20%～30%，产肉量相应增加。到1998年，我国普通山羊被奶山羊杂交改良的比例达到30%以上。自1995年来，我国已有不少省、市、自治区先后引进波尔山羊,其改良本地山羊的效果更为突出,杂种一代羊体重比本地山羊高出 50%以上。

波尔山羊是世界著名的肉用山羊品种,其卓越的肉用生产性能是任何山羊品种都无法相比的。其显著的杂交改良效果已为我国广大农牧民所肯定,但亦须对其利用进行科学合理的规划。目前引进波尔山羊的省、市、自治区已超过 20 个,全国纯种波尔山羊数量已达 4 万余只,其中陕西省已超过 1 万只。在引入波尔山羊的地区内有我国地方优良山羊品种 15 个,占我国优良山羊品种的 3/4。为此,在用波尔山羊杂交改良地方山羊的同时,必须划定地方良种保护区。因为人类至今并未完全掌握每一品种的遗传基础,也很难预测未来 30 年、50 年或更长时段里需要什么样的遗传资源。所以品种资源的评价,不能以现时的科技水平和眼前的经济利益来衡量。原始地方品种,虽在当前其经济价值较低,但它是长期的自然选择和人工选择的产物,具有抗逆性强,耐粗放管理,遗传变异性丰富多样等特点。家畜育种的基础是品种间以及品种内个体间的遗传变异。将来当人类对畜产品的需求发生变化时,地方品种就有可能为满足这一需求而发挥其重要作用,从而为人类提供更安全更多样的畜产品。因此,现在我们就要珍惜这些品种资源而加以合理保护,万不可把它们全部杂交改造。

3. 充分利用我国地域特点发展肉用养羊业 为满足国内市场对羊肉的需求,我国肉用养羊业的发展,应充分利用我国南方、北方,农区、牧区,沿海、内地生态环境差异巨大的特点,发展不同类型、不同特色的羊肉生产,其前景十分广阔。

(1)南方草山草坡的综合开发利用和南方农区规模化肉羊舍饲饲养 对海拔 1 000 米以上,种植业和其他养殖业难以利用的地区,经人工改良而形成草场后即可用以养羊。为此,近年在南方此类地区开展的"北羊南移"工程,已取得明显成效。再经若干年的继续工作,有望成为我国第二个饲养肉用及肉毛兼用绵羊的生产基地。另外,南方农区舍饲养羊的潜力很大,特别是其丰富的农副产品饲料资源和数量较多的山羊羊种资源,是其肉羊生产的坚实的物质基础。为提高肉羊生产的经济效益,该地区引进波尔山羊开展杂交改良,用杂种后代作为肥育用的肉羊,这是需要大力倡导的。要使这种舍饲饲养肉山羊的数量逐步扩大,最终形成跨地区、大范围、规模化的肉羊产业经营地带。

（2）北方地区仍是我国羊肉的主产区　在继续搞好草原牧区肉羊生产的同时,北方农区舍饲肉羊产业的发展空间很大,它不仅具有优越的自然环境,而且还有丰富的饲料资源、羊种资源以及当地农牧民养羊的传统优势。因此,北方地区仍应成为我国羊肉生产的一个主要基地。为了充分发挥地区资源的潜力,北方农区的羊肉生产可以根据各地的具体条件,选用下列形式中之一种。

①实施跨地区的牧区繁殖,农区肥育,或山区繁殖,川地肥育。这样可充分发挥区域资源优势,从而形成专业化产业化生产经营地带,有效提高商品率和养羊生产者的经济效益。

②实施跨地区的分户繁殖,集中肥育。繁殖户可以是大专业户,也可是小户;集中肥育则是大专业户或更大的专业公司肥育,由它们收购繁殖户的羊源集中肥育、周期批量上市。其规模也可大可小,依条件而定。

③自繁自育。即由农牧民专业户自繁自育,或由羊场、企业自己繁殖自己肥育。其缺点是难以形成规模,同时也可能影响到肉羊生产的专业化水平。

（二）关于绒山羊的发展问题

中国是世界上最大的绒山羊饲养国和山羊绒生产国。2002 年绒山羊存栏数为 7 840 多万只，产绒量 11 765 吨，其中内蒙古自治区年产绒 4 529.5 吨，占全国产量的 38.51%，其他产区依次为新疆 8.79%，河北 7.66%，山东 7.16%，西藏 6.93%，山西 5.68%，陕西 5.41%，宁夏 3.62%，河南 3.59%，辽宁 3.16%。值得指出的是，我国农区和有部分半农半牧区的河北、山东、山西、陕西、河南、辽宁等地山羊绒产量自 20 世纪 80 年代初以来一直在稳步增长，发展绒山羊已成为当地农牧民脱贫致富奔小康和发展地方经济的一个重要支柱产业。这些地方绒山羊的迅速发展已成为我国绒山羊新的增长点，有着良好的发展前景。

20 世纪 80 年代以来，我国选育成功的辽宁绒山羊、内蒙古白绒山羊、河西绒山羊等品种，使产绒性能大大提高，个体平均产绒量接近或超过 400 克，比原品种提高 1 倍以上，羊绒品质也有明显改进。这些品种的选育成功，显著地改善了中国绒山羊的品种结构，为我国绒山羊业的进一步发展奠定了良好的基础。与此同时，近年来各地通过引进辽宁绒山羊、内蒙古白绒山羊开展杂交改良，大大提高了当地山羊品种的产绒性能，取得了明显的经济效益。更为重要的是这些优秀绒山羊品种的基因得到有效扩散，为今后培育新的绒山羊品种提供了重要的遗传物质基础。

山羊绒及其制品是我国传统的出口物资，每年约 60% 的羊绒及羊绒制品用于出口贸易，其中对欧、美、日本及东南亚等的出口量占总出口量的 80% 以上。我国加入世贸组织（WTO）后，国际市场将会进一步扩大，出口环境也将随之大大改善，这为我国绒山羊业的进一步发展提供了良好的机遇。

为保持我国山羊绒在国际市场上的优势地位,除充分利用好一切有利因素外,还必须注意以下几方面的调整与改善。

1. 加强地方品种的改良和新品种培育,提高良种化程度 这是今后我国绒山羊发展的主攻方向。至 21 世纪初,我国良种及改良种绒山羊比例还不足 50%,而优质绒山羊仅占 1/4 左右。绒山羊个体平均产绒量低,而且个体间差异较大,羊绒品质也参差不齐。比如北方 10 个省(自治区)的绒山羊个体平均产绒量为 156 克,其中河北、青海、西藏等省、自治区仅为 100 克左右;再如辽宁绒山羊个体平均产绒量为 490～570 克,最高可达 1 000 克,但辽宁全省产绒山羊的平均产绒量为 257 克;选育后的内蒙古白绒山羊个体平均产绒量为 330 克,高的可达 800～1 000 克,而内蒙古全区绒山羊个体平均产绒量为 269.5 克。这些情况正说明我国绒山羊良种化程度不高,但从另一方面看,也是我国绒山羊业进一步发展的潜力所在。今后的发展方向是:一方面继续采用本品种选育的方法,对内蒙古白绒山羊、辽宁绒山羊等优良品种以及其他地方品种的优良类群进行选育提高和繁殖扩大数量;另一方面对一般绒山羊产区,引入优良绒山羊品种,开展大规模杂交改良,尽快提高其良种化程度。通过建立绒山羊育种场、种羊繁殖场、实行良种注册登记等办法,确保种羊质量,并通过办好人工授精站等方式加快改良速度。

2. 注意资源保护,重在提高质量 解决好绒山羊的数量和质量关系问题以及数量和饲料资源量的关系问题十分重要。20 世纪 80 年代后期我国绒山羊增长速度极快,加上其他畜类数量的增加,全国草地载畜量超出 50%～90%,从而造成草原退化、沙化。为杜绝这一状况的继续存在,国家和各地区都已采取了相应措施,其中草地资源的分户承包使用是关键。由于绒山羊是以草地放牧饲养为主的家畜,只有明确了草地使用权,才能真正做到以草定畜,严格控制数量。今后我国绒山羊业发展的方向不应是数量的增加,而是个体产绒量和羊绒品质的提高。若以我国现有绒山羊数计,平均每只羊产绒提高 60 克,全国年增产羊绒即为 4 700 吨,而全国山羊绒总产量将可达到 16 000 吨左右。

3. 增加草地资金投入,加强草原建设 绒山羊的饲养方式主要是放牧,草地质量直接关系到绒山羊的生产性能。所以在国家进行草原基本建设投资的同时,要鼓励农牧民投资建设自己承包的草原,改变过去靠天养羊和一味靠追求数量增加效益的短期行为。逐步实现草原改良围栏化,放牧轮牧化的良性循环和可持续发展之路。

4. 加强绒山羊的科学研究和技术推广 相对说来,我国在绒山羊的科学研究方面投入的人力、财力较少,已进行的科研工作也不够全面,尤其是在绒山羊的营养需要及饲养方面更显不足。已取得的研究成果在生产中的推广应用也相对滞后。我国绒山羊品种资源丰富,其种质特性、遗传规律以及对生态环境条件、营养、饲养等方面的要求,还应做全面系统的研究。在此基础上,为不同品种提出科学合理的本品种选育技术方案和杂交改良、育种方案,从而进一步地提高品种质量和整体绒山羊业的良种化水平;与此同时,形成科学合理的绒山羊饲养标准,或者说是放牧与补饲的饲养标准,以指导农牧民生产实践,确保羊绒数量质量的共同提高。

(三)关于细型、超细型细毛羊的发展问题

20 世纪后半叶我国养羊业十分重视细毛羊的发展,在广泛开展的细毛羊杂交改良粗毛羊的基础上,先后育成了十几个细毛羊品种,但这些品种的羊毛细度大都以 60~64 支(羊毛直径 21.6～25.0 微米)为主。20 世纪 70 年代末期相继引进澳洲美利奴羊进行导入杂交,对我国细毛羊品种羊毛品质和净毛量的改善和提高起到了明显效果,并同时育成了中国美利奴羊新品种。但由于引入的澳洲美利奴种羊大都是非超细毛型羊,所以对我国原细毛羊品种的羊毛细度影响不大。鉴于近 10 多年来国内外市场对细型、超细型羊毛织品的需求激增,我国细毛羊的发展方向也必然要适应这一形势。为此,我国的细毛羊羊场及细毛羊主产区都已相继开始注重选留细毛型种羊,一般母羊以 66 支细度为基数鉴定组群,以 70 支以上公羊进行群体选配是许多羊场采取的主要选育措施。新疆紫泥泉种羊场 1987 年开始的中国美利奴羊超细品系培育,至 2000 年其品系已基本形成,不仅对改进该场细毛羊羊毛成效显著,而且还为其他细毛羊产区推广品系种羊 200 余只。2003 年南京羊毛市场上羊毛细度在 21.5 微米以下的优质细毛成交额占 82%,净毛成交价平均 52.6 元/千克,其中新疆一批 6 000 吨羊毛细度为 20.38 微米、长度为 91 毫米的净毛价位 56.8 元/千克,而细度为 23.1～25.0 微米的净毛平均价仅为 39.9 元/千克。可见,近年来优质细型毛价格上扬受宠,形势喜人。当前,我国每年生产的羊毛远不能满足国内用毛量的需求,特别是毛纺工业对优质细毛的需求空间还很大。国家除进口部分外毛外,发展国内细毛羊业仍是根本。我们决不可因过去一段时间,由于产销体制原因,羊毛收购流通过程中出现的掺杂使假、价格不合理等问题而放松细毛羊业的发展。同时还必须指出,为了保证国产细羊毛的质量,在选留符合要求的种羊进行繁殖的同时,还应当为羊只提供全年均衡营养的饲养管理条件。我国北方地区是细毛羊主产区,冬春枯草季节长,气候寒冷,仅靠草场放牧则很难满足羊只营养需要,必须给予合理补饲,并提供御寒保温的棚舍设施。否则,羊只在漫长冬春枯草季节里,饥寒交迫,体况营养消耗很大,羊毛在此段时间里正常生长受阻而出现"饥饿细度",使羊毛的使用价值大大降低。这曾经是我国一些地区发生过的问题,应当引以为戒。

第二章　绵羊品种

据联合国粮农组织统计,20世纪90年代末全世界有绵羊12.03亿只,分属600多个品种。为了便于有效地组织绵羊的生产和育种工作,在我国通常是根据绵羊本身主要产品的基本特征,将绵羊分类为细毛羊、半细毛羊、粗毛羊、裘皮和羔皮羊及肉用羊。

第一节　细毛羊品种

细毛羊主要生产同质细毛,其被毛由粗细、长短较一致的无髓毛组成。毛纤维细度在60支纱以上,平均直径小于25微米,生长12个月的毛丛自然长度在7厘米以上。细毛羊的羊毛细度和长度均匀,羊毛弯曲明显、整齐,羊毛密度大,产毛量高,油汗多、杂质少,毛色洁白,工艺性能好。

一、我国的细毛羊品种

(一)新疆毛肉兼用细毛羊

新疆毛肉兼用细毛羊是我国培育成的第一个细毛羊品种,1954年育成于新疆巩乃斯种羊场。也称新疆细毛羊或新疆羊。

新疆细毛羊的外貌特征:公羊大多数有螺旋形的角,母羊无角。公羊鼻梁微有隆起,母羊鼻梁呈直线或几乎呈直线。公羊颈部有1～2个完全或不完全的横皱褶,母羊有1个横皱褶或发达的纵皱褶。体躯无皱褶,皮肤宽松,体质结实,结构匀称,胸部宽深,背直而宽,腹线平直,体躯长深,后躯丰满,四肢结实,蹄质致密,肢势端正。有些个体眼圈、耳、唇部皮肤有小的有色斑点。

新疆细毛羊在终年放牧条件下,较外来品种更能显示出耐粗饲、增膘快、生活力强和适应性好的特点。以巩乃斯羊场为例:其海拔为 900~2 900 米,积雪期 130~150 天,最低气温－34℃,阴山谷地积雪厚度达 70~120 厘米,阳山坡地积雪厚度为 50~80 厘米。羊群冬季扒雪采食,夏季高山放牧,一年四季放牧驱赶,往返约为 250 公里。羊群依靠夏季放牧抓膘,从 6 月剪毛后到 9 月配种前,75 天个体平均增重 10 千克以上。冬季仍以放牧为主,冬春少量补饲。在这种情况下,成年公羊剪毛后体重为 86.07±9.44 千克,毛长 10.08±1.01 厘米,剪毛量 12.42±1.36 千克,净毛率 54.30%;成年母羊体重 48.39±6.19 千克,毛长 7.95±1.00 厘米,剪毛量 5.58±0.78 千克,净毛率 49.69%,产羔率平均为 135%。羊毛细度60~64 支,屠宰率 47.66%。

新疆细毛羊改良粗毛羊效果显著,为我国养羊业的发展做出了贡献。近年来新疆细毛羊质量虽有所提高,但与澳洲美利奴羊比较,还有相当差距。如净毛产量低,羊毛的光泽、弹性、白度不足,后躯不够丰满,胸围偏小等。因此,新疆细毛羊今后的发展方向应当是:在保持生活力强、适应性好的前提下,坚持毛肉兼用方向,既要提高净毛产量,改善羊毛品质,又要重视保持和发展体重,改善体型结构,提高产肉性能。

(二)东北细毛羊

东北细毛羊是毛肉兼用细毛羊。该品种由辽宁、吉林、黑龙江三省的国营农场、科研单位和高等院校同心协力,经过20 多年精心选育,于 1976 年育成,是我国自己培育出的第二个细毛羊品种。

东北细毛羊体质结实,结构匀称,公羊有螺旋形角,母羊无角。公羊颈部有1个完全的或2个不完全的横皱褶,母羊颈部有发达的纵皱褶,体躯无皱褶,皮肤宽松。胸宽深,背平直,体躯长,后躯丰满,肢势端正,结构良好,呈矩形。被毛白色,闭合良好,密度中等,头部被毛着生至两眼连线,前肢至腕关节,后肢至飞节。被毛较长较密,呈毛丛结构,无环状弯曲。成年羊12个月体侧毛长7厘米以上,育成羊8.5厘米以上,羊毛细度60~64支,弯曲明显,油汗适中,呈白色或乳白色。净毛率34%。成年公羊剪毛后体重75千克,剪毛量9千克;成年母羊剪毛后体重45千克,剪毛量5.5千克,经产母羊产羔率125%~130%,屠宰率48%。

东北细毛羊体格大,耐粗饲,适应性强,用于改良粗毛羊效果明显。由于其育成历史较短,目前还存在净毛率低、体型外貌欠整齐等缺点。因此,应在保持体大的前提下,提高净毛率,进一步统一体型外貌。

(三)内蒙古毛肉兼用细毛羊

内蒙古毛肉兼用细毛羊亦称内蒙古细毛羊。该品种是在内蒙古锡林格勒盟及五一种畜场,用苏联美利奴、新疆细毛羊、德国美利奴等品种公羊与蒙古羊母羊杂交于1976年育成。该品种主要特点是体质结实,结构匀称,公羊有螺旋形角,颈部有1~2个完全或不完全的皱褶;母羊无角或有小角,颈部有裙形皱褶。头部适中,背腰平直,胸宽深,体躯长。被毛闭合良好,头毛着生至两眼连线或稍下,前肢毛至腕关节,后肢毛至飞节。成年公羊剪毛后体重82~120千克,剪毛量12.0~17.5千克;成年母羊剪毛后体重为46~58千克,剪毛量5.5~6.5千克。羊毛细度60~64支,以64支为多。毛丛长度

7.5～9.0厘米,净毛率35％～45％,产羔率110％～123％。

(四)甘肃高山细毛羊

甘肃高山细毛羊亦称甘肃毛肉兼用细毛羊,或甘肃细毛羊。原产于甘肃皇城种羊场、天祝种羊场及肃南、天祝两县。该品种是以新疆细毛羊、高加索细毛羊为父系,当地蒙古羊、西藏羊及蒙藏混血羊为母系,进行复杂育成杂交,于1980年育成。该品种是在海拔2 600～3 500米、气候严寒、无霜期短、植被单纯、枯草期长达7个月以上、终年放牧、少量补饲的条件下,培育成的毛肉兼用细毛羊品种,具有合群性好、采食力强、适应性强和生产性能高等特点。

甘肃高山细毛羊体质结实,蹄质致密,体躯结构良好,胸宽深,背平直,后躯丰满,四肢端正有力。公羊有螺旋形大角,颈部有1～2个完全或不完全的横皱褶;母羊多数无角,少数有小角,颈部有发达的纵垂皮。被毛纯白,闭合性良好,密度中等以上,体躯毛和腹毛均呈毛丛结构,被毛着生头部至两眼连线,前肢至腕关节,后肢至飞节。

甘肃高山细毛羊周岁育成羊,体侧部毛长在7.5厘米以上,细度为60～64支,羊毛细度均匀、弯曲清晰,呈正常弯或浅弯,油汗适中,呈乳白色或淡黄色,平均净毛率达40％以上,繁殖率110％。成年公羊剪毛后体重75～80千克,剪毛量7.5～8.5千克;成年母羊剪毛后体重40～43千克,剪毛量4.3～4.5千克。

甘肃高山细毛羊具有良好放牧抓膘性能,脂肪沉积能力强,肉质纤细肥嫩,在终年放牧条件下,成年羯羊的平均屠宰率(不含内脏脂肪)达45％以上。

(五)中国美利奴羊

中国美利奴羊是我国于20世纪80年代培育的一个品质

较好的细毛羊品种,主要是以澳洲美利奴公羊与波尔华斯品种的母羊杂交育成,在新疆地区还同时选用了部分新疆细毛羊与军垦细毛羊的母羊参与杂交育种。按其育成地区,中国美利奴羊又区分为 4 个类型,即科尔沁型(内蒙古嘎达苏种畜场培育)、吉林型(吉林查干花种畜场培育)、新疆型(新疆巩乃斯种羊场培育)和新疆军垦型(新疆紫泥泉种羊场培育)。

中国美利奴羊的外貌特征,见附录中中国美利奴细毛羊一级羊标准。

中国美利奴羊的主要生产性能指标:成年公羊原毛产量 17 千克左右,体侧部净毛率 59%,净毛量约 10 千克,剪毛后体重 95 千克左右;成年母羊原毛产量 6.4~7.2 千克,体侧部净毛率 60%左右,净毛量 3.9~4.4 千克,剪毛后体重 40~45 千克,羊毛较长,体侧部 12 个月毛丛自然长度为 10 厘米左右,羊毛细度为 60~66 支。

中国美利奴羊体型外貌整齐,类型一致,遗传性稳定,净毛产量高,羊毛综合品质优良,经国内试纺表明,羊毛质量已达到国际优质毛纺原料的同等水平。该品种适宜放牧饲养,适应性好,经国内一些地区的引种试验证明,用以改良其他细毛羊效果良好。可以认为,中国美利奴羊是我国细毛羊品种中一个高水平的新品种。

中国美利奴羊的育成,标志着我国细毛羊育种工作进入了一个全面提高羊毛品质的新阶段。应当指出,我国现有育成的细毛羊品种羊毛偏粗,大多为 60~64 支细度,品种内能够生产 70 支及 70 支以上羊毛的个体较少,而当前国际市场上对 70 支以上细度的超细型羊毛十分看好,在国际市场上的价格也是一般细羊毛的数倍。因此,为适应国内外市场对毛纺织品的更新更高要求,着手培育我国的细毛型及超细毛型新品种就显得十分必要。

为了提高中国美利奴羊的羊毛品质支数,丰富品种结构,从 1987 年开始,新疆紫泥泉种羊场联合国内有关科研院所开展了"中国美利奴羊超细品系培育"的科研项目,到 2000 年超细品系已基本形成。这项成果填补了我国细毛羊养羊业中的一项空白。该场用品系公羊改良全场羊只,使全场 66 支以上细度羊毛的比例由原来的 15％提高到 85％,并为各地推广销售品系种羊约 200 余只。与此同时,我国细毛羊主要产区和细毛羊羊场在选种时,都已开始注重向细毛型方向发展。这对加速改变我国细毛羊羊毛偏粗的状况,提高国毛品质支数,减少超细毛型种羊和高档精纺毛原料的进口量,必将产生显著的经济效益和深远的社会影响。

二、我国引进的细毛羊品种

(一)澳洲美利奴羊

澳洲美利奴羊产于澳大利亚。其羊毛品质优良,毛长、毛密,净毛产量高,是世界上著名的细毛羊品种。

澳洲美利奴羊体格中等,体质结实,体型外貌整齐一致。体躯呈矩形,胸宽深,鬐甲宽平,背长,尻部平直而丰满。公羊有螺旋形角,母羊无角。公羊颈部有 2 个发达完整的横皱褶,母羊有发达的纵皱褶。头部被毛着生至两眼连线,呈毛丛结构,四肢羊毛覆盖良好。羊毛密度大,呈闭合型毛丛,细度均匀,白色油汗,羊毛弯曲为半圆形,整齐明显。光泽好、柔软,净毛率高。腹毛呈毛丛结构。

澳洲美利奴羊按其培育形成过程,品种内有 4 个系别,即:佩平系、南澳系、萨克森系和西班牙系。在每一系别内,根据羊毛特点又分为细毛、中毛、强毛三个主要类型。另外还有少量的超细毛型。其品种结构见表2-1。

表 2-1　澳洲美利奴羊中不同系别不同类型羊的比例　（％）

系　　　别	在品种内的比例	系别内按羊毛类型的绵羊分布				
		超细毛型	细毛型	中毛型	强毛型	合计
佩平系	70	—	5	75	20	100
南澳系	20	—	5	20	75	100
萨克森系	6	10	80	10	—	100
西班牙系	4	10	60	25	5	100
在品种内的比例		1.0	11.7	58.1	29.2	100

以下就品种内不同类型羊的特点做一简要描述。

细毛型　体格小、毛细。成年公羊体重60～70千克,剪毛量6～9千克;成年母羊体重36～45千克,剪毛量4～5千克。羊毛细度64～70支,净毛率55％～65％,适于少雨山区饲养。该型约占澳洲美利奴羊的11％左右。

中毛型　成年公羊体重68～91千克,剪毛量8～12千克;成年母羊体重40～64千克,剪毛量5.0～6.4千克。毛长7.5～11.0厘米,羊毛细度60～64支,净毛率62％～65％。适于干旱平原地区饲养,该型约占澳洲美利奴羊的58％。

强毛型　成年公羊体重80～114千克,剪毛量10.0～15.5千克;成年母羊体重50～73千克,剪毛量5.5～8.2千克。羊毛细度58～60支,毛长9.0～12.5厘米,净毛率60％～65％。适于干旱草原地区饲养。该型约占澳洲美利奴羊的30％。

超细毛型　体格小,多皱褶,羊毛细度80～90支,毛纤维直径18微米以下,剪毛量成年母羊5.0～5.5千克,净毛率50％,毛长7.0～7.5厘米。超细毛型羊适宜较冷地区繁育,主要分布在高原地区。该类型羊,过去在澳大利亚主要用于控制其他类型美利奴羊的羊毛细度,所以数量不大,约占澳洲美利奴羊的 1%。但目前澳大利亚已开始着重大力发展其细毛型及超细毛型美利奴羊。

(二)高加索细毛羊

高加索细毛羊产于俄罗斯斯塔夫洛波尔地区。具有良好的外形,结实的体质,颈部有 1～3 个皱褶,头部及四肢羊毛覆盖良好,油汗呈黄色或淡黄色。成年公羊体重 120～130 千克,剪毛量 18～20 千克;成年母羊体重 63～70 千克,剪毛量 7.6～8.0 千克,产羔率 120%～160%。毛长 8～9 厘米,细度以 64 支为主,净毛率 40%～44%。

高加索细毛羊在解放前就输入我国,是育成新疆细毛羊的主要父系,是改造我国粗毛羊较为理想的细毛羊品种之一。

(三)苏联美利奴羊

苏联美利奴羊产于俄罗斯,体质结实,颈部具有 1～3 个皱褶,体躯有小皱褶,被毛呈闭合型,腹毛覆盖良好。成年公羊体重平均 101.4 千克,成年母羊 54.9 千克。剪毛量成年公羊平均 16.1 千克,成年母羊 7.7 千克。毛长 8～9 厘米,细度 64 支。产羔率 120%～130%。

我国于 1950 年输入,在许多地区适应性良好,改良粗毛羊效果比较显著,是内蒙古细毛羊和敖汉细毛羊新品种的主要父系之一。

(四)波尔华斯羊

波尔华斯羊原产于澳大利亚的维多利亚和塔斯马尼亚地区,属于毛用细毛羊。但羊毛细度为 56～60 支,所以又称高级半细毛羊。波尔华斯羊的外形有美利奴羊的特点,体质结实,体格较小,四肢短。公羊分有角和无角两系,母羊均无角,面目清秀,鼻镜上有黑斑。体躯无皱褶,被毛为闭合型,羊毛细度为56～60支,毛长可达10.0～12.5厘米,羊毛有大、小两种弯曲,油汗多为白色,羊毛有丝光。成年公羊体重为56～77千克,剪毛量为5.6～7.5千克;成年母羊体重为45～56千克,剪毛量为3.6～5.5千克。净毛率为65%～70%。

1966年输入我国,适应地区较广。主要饲养在吉林、新疆、内蒙古等地,进行纯种繁殖。东北细毛羊和新疆细毛羊曾用波尔华斯羊进行导入杂交,对提高羊毛长度和改善羊毛品质有明显的效果。

波尔华斯羊在中国美利奴羊的育成中起过重要作用,是参与中国美利奴羊品种培育的一个主要母系品种。

（五）德国美利奴羊

德国美利奴羊原产于德国萨克森州农区。是用泊列考斯和莱斯特公羊同原产地的美利奴母羊杂交培育而成。

德国美利奴羊属肉毛兼用细毛羊。其特点是体格大、早熟、羔羊生长发育快。与其他细毛羊品种相比,其产肉性能突出,繁殖性能好,产羔率150%～175%,母羊保姆性强,泌乳性能好,羔羊断奶成活率高。其主要外貌特点是:被毛白色,公、母均无角,颈部及体躯皆无皱褶,胸宽深,背腰平直,肌肉丰满,后躯发育良好。其主要生产性能:成年公羊体重100～140千克,母羊65～80千克;剪毛量成年公羊10.0～11.5千克,母羊4.5～5.0千克,净毛率45%～52%;羊毛细度60～70支,羊毛长度8.5～9.5厘米;5～6月龄体重40～45千克,比较好的个体可达50千克以上,胴体重18～22千克,屠宰率47%～49%。

我国于20世纪50年代末和60年代初由前德意志民主共和国引入该品种羊1 000余只,分别饲养在内蒙古、辽宁、山西、河北、甘肃、安徽、山东、江苏、陕西等地,曾参与了内蒙古细毛羊新品种的育成。该品种对干旱、半干旱地区有良好的适应能力,并且耐粗饲。在我国各地饲养,除进行纯种繁殖外,曾与当地品种羊(蒙古羊、西藏羊、小尾寒羊、同羊、细毛杂种羊等)杂交,杂种代生长发育快,产肉性能明显提高,被毛品质明显改善。因此,对这一品种资源应继续加以合理利用,特别是在我国农区、半农半牧区,仍可用于改良当地粗毛羊和细毛羊改良羊,以提高当地羊的产肉性能。

(六)考摩羊

考摩羊原产于澳大利亚。主要是用考力代公羊与细毛型美利奴母羊杂交育成,小部分羊中也用了波尔华斯羊。

考摩羊体格大,体质结实,被毛白色,胸部宽深,颈部皱褶不甚明显,四肢端正。羊毛细度 60~64 支,毛长 10 厘米以上,剪毛量成年公羊 7.5 千克,成年母羊 4.5 千克;体重成年公羊90 千克以上,成年母羊 50 千克左右。繁殖性能好,母羊双羔率达 50%。保姆性强,泌乳性能好,羔羊断奶成活率高。该品种适应性强,耐粗放饲管,是细毛羊品种中产肉性能较为突出的一个品种。

我国于 20 世纪 70 年代末从澳大利亚引进,在云南等地纯种繁育和杂交改良效果均较满意。

第二节　半细毛羊品种

半细毛是指羊毛细度在 58 支以下或羊毛纤维平均直径在 25.1 微米以上的同质羊毛。

根据 1973 年全国半细毛羊育种协作会议决定,我国半细毛羊按羊毛细度分为两档:56~58 支半细羊毛平均纤维细度为 25.1～29.0 微米,不匀系数要求 25%,最高不超过 28%,长度要求在 9 厘米以上,这种毛可做高级针织品和呢绒;48～50 支半细羊毛平均细度 29.1～34.0 微米,不匀系数为 26%,最高不超过 30%,羊毛长度 12 厘米以上,主要用于生产毛线及工业用呢。

一、我国的半细毛羊品种

(一)青海高原半细毛羊

这是我国育成的第一个半细毛羊新品种,全名为青海高原毛肉兼用半细毛羊,它是以新疆细毛羊、茨盖羊及新西兰罗姆尼羊为父本,当地藏羊为母本,采用复杂的育成杂交而培育成的品种。

青海半细毛羊大部分羊被毛全白,同质毛,密度中等,毛呈大弯曲,白油汗,羊毛强度好。羊的体型结构、产肉性能都已接近育种目标。它主要饲养于青海湖四周的一些县。据英德尔种羊场的资料记载:青海半细毛羊成年公羊平均体重 57.17 千克,剪毛量 4.22 千克,毛长 9.37 厘米;成年母羊平均体重 37.5 千克,剪毛量 2.62 千克,毛长 8.87 厘米。羊毛细度以 56～58 支为最多,占 76.38%～84.84%。

(二)东北半细毛羊

东北半细毛羊亦属毛肉兼用型。该品种分布在东北三省的东部地区。东北半细毛羊是用考力代公羊为父本,与当地蒙古羊及杂种改良羊杂交培育而成的。其育种方向是:剪毛量高,肉用性能好,早熟,耐粗饲,适应性强。

东北半细毛羊的体质外形:结构良好,公、母羊均无角,头轻小,颈粗短,体躯无皱褶,头部被毛着生至两眼连线,体躯呈圆桶状,后躯丰满,四肢粗壮。被毛白色,密度中等,匀度好,腹毛呈毛丛结构。羊毛有大弯、清晰明显,油汗适中、呈白色。净毛率50%。成年公羊平均体重62.07千克,剪毛量5.96千克,毛长9厘米以上者占84.30%,羊毛细度56~58支者占91.97%;成年母羊平均体重为44.38千克,剪毛量为4.07千克,毛长9厘米以上者占52.93%,羊毛细度56~58支者占85.04%。

二、我国引进的半细毛羊品种

(一)罗姆尼羊

罗姆尼羊的全称为罗姆尼—马尔士羊,它育成于英国东南部的肯特郡。

英国罗姆尼羊成年公羊体重90~110千克,剪毛量4~6千克;成年母羊体重80~90千克,剪毛量3~5千克,产羔率120%。净毛率60%~65%,羊毛长度11~15厘米,细度46~50支。胴体重成年公羊为70千克,成年母羊为40千克,4月龄肥育公羔为22.4千克,肥育母羔为20.6千克。罗姆尼羊被认为是较耐粗饲的绵羊品种之一,能较好地适应潮湿低平的牧地,对腐蹄病和寄生虫病有较强的抵抗力,但对过热及干旱地区适应性较差,合群性差,不易管理。目前,英国繁育罗姆尼羊的主要目的是用于和其他品种进行经济杂交,以生产杂交羊和肉用羔羊。除英国外,新西兰、阿根廷、乌拉圭、澳大利亚、美国、俄罗斯均有分布,以新西兰最多。

英国罗姆尼羊四肢较高,体躯长而宽,后躯较发达,头形略显狭长,头、肢被毛覆盖较差,体质结实,骨骼坚实,放牧游走能力好。新西兰罗姆尼羊肉用体型好,四肢矮短,背腰平直,体躯长,头、肢被毛覆盖良好,但放牧游走能力差,采食能力不如英国罗姆尼羊。澳大利亚罗姆尼羊介于前二者之间。

1966 年开始,我国先后从英国、新西兰、澳大利亚引进数千只罗姆尼羊,分别饲养在青海、甘肃、内蒙古、云南、四川、山东、江苏等省、自治区。从饲养和繁殖情况看,在东南沿海及西南各省饲养的适应性尚好,而在西北及内蒙古饲养的适应性较差。罗姆尼羊在我国参与了青海半细毛羊、内蒙古半细毛羊以及云南、贵州等省的半细毛羊杂交育种工作。罗姆尼羊在我国肉羊生产中也具有重要作用,应当作为肉羊生产中一个主要的杂交父系品种充分利用。

(二)边区莱斯特羊

边区莱斯特羊是 19 世纪中叶,在英国北部苏格兰用莱斯特公羊与雪维特品种母羊杂交培育而成的。1860 年为了与莱斯特羊相区别,称为边区莱斯特羊。

边区莱斯特羊体质结实,体型结构良好,体躯长,背宽平直,四肢高大。公、母羊均无角,鼻梁隆起,两耳竖立,头部及四肢无被毛覆盖。成年公羊体重 90～140 千克,剪毛量 5～9 千克;成年母羊体重 60～80 千克,剪毛量 3～5 千克,产羔率 150％～200％。净毛率 60％～65％,羊毛光泽强,毛长 20～25 厘米,细度 44～48 支。胴体重成年公羊 73.0 千克,成年母羊 39.8 千克,4 月龄肥育公羔为 22.4 千克,肥育母羔为 19.7 千克。

1966 年我国从澳大利亚陆续引入边区莱斯特羊,主要饲养在青海、甘肃、内蒙古、新疆、西藏、四川和云南等省、自治区。从报道的资料看,饲养在青海、内蒙古等地的适应性较差,而饲养在甘肃、云南、四川等省的效果较好。边区莱斯特羊早熟性好,生长发育快,产肉性能突出,是当前我国各省、自治区进行肉羊生产所采用的杂交组合中重要参与品种之一。

(三)茨 盖 羊

茨盖羊是古老品种,曾经被巴尔干半岛和小亚细亚国家的绵羊改良过,主要分布在俄罗斯、罗马尼亚、南斯拉夫、保加利亚、匈牙利及蒙古等国家。

茨盖羊体格较大,公羊有螺旋形角,母羊无角或只有角痕。胸深,背腰较宽直,成年羊皮肤无皱褶,被毛覆盖头部至眼线,前肢达腕关节,后肢达飞节。毛色纯白,但有些个体在脸、耳及四肢有褐色或黑色的斑点。

茨盖羊成年公羊体重 80～90 千克,剪毛量 6～8 千克;成年母羊体重 50～55 千克,剪毛量 3～4 千克,产羔率 115％～120％。毛长 8～9 厘米,细度 46～56 支,净毛率 50％左右,屠宰率 50％。另外,茨盖羊恋羔性强,泌乳性能好,除能很好地哺育所生羔羊外,在断奶后,从每只母羊身上还可挤得 36～64 千克奶。

茨盖羊具有结实的体质,能耐受比较严酷的自然气候和粗放的饲养管理条件,抗病力强,适应性好,但一般羊群生产力较差,羊毛长度尚不理想,有些个体羊毛偏细,匀度也比较差。

我国解放后从前苏联引入一些茨盖羊,主要分布在内蒙古、青海、甘肃、四川和西藏等省、自治区。20 多年来在各地饲养繁殖效果良好。现在,茨盖羊为正在培育的青海半细毛羊、西藏半细毛羊和内蒙古半细毛羊的父系品种之一。

(四)考 力 代 羊

考力代羊原产于新西兰。是以林肯公羊和部分英国莱斯特、边区莱斯特、罗姆尼等品种公羊,与美利奴母羊杂交,并在理想型杂种一代中用横交方法于 1910 年育成。考力代公、母羊均无角,全身被毛白色,颈部短而宽厚,背腰宽而平直,胸宽深,体躯肌肉丰满,后躯发育良好,四肢结实,长度中等。成年公羊体重 90～105 千克,成年母羊 51～65 千克;剪毛量成年公羊 10～12 千克,成年母羊 5.0～6.4 千克,净毛率 60%～65%。羊毛长度 9～12 厘米,羊毛细度 50～58 支,羊毛弯曲明显,匀度良好,强度大,油汗适中。母羊产羔率 110%～145%。考力代羊早熟性好,生长发育快,4 月龄羔羊体重可达 35～40 千克,胴体重 18～20 千克,屠宰率 50%左右。

考力代羊对湿润多雨地区较为适应,具有较强的抗腐蹄病和抗内寄生虫病的能力。新中国成立前就曾经引入过,解放后又先后从新西兰和澳大利亚引入较多数量。多年的饲养繁育实践表明,考力代羊在我国东北、西南以及东部沿海一些地区适应性较好。因此,它是东北半细毛羊、贵州半细毛羊新品种以及山西陵川半细毛羊新类群的主要父系品种之一。

第三节　粗毛羊品种

粗毛羊的被毛为异质毛,由多种毛纤维类型(无髓毛、两型毛、有髓毛、干毛及死毛)所组成。粗毛羊均为地方品种,产毛量低,羊毛品质及工艺性均较差。

粗毛羊适应性强,耐粗放的饲养管理条件及严酷的气候条件,数量多,分布广,抓膘能力强,皮和肉的性能好。

一、蒙 古 羊

蒙古羊原产于我国内蒙古自治区及蒙古人民共和国。以后随着历代人民迁徙,逐渐分布到全国大多数省、自治区。数量约占我国绵羊总数的一半。

蒙古羊由于分布地区辽阔,各地自然条件、饲养管理水平和选育方向不一致,所以在体型外貌、生产性能等方面亦有差异,外形上一般表现为头狭长,鼻梁隆起。公羊多数有角,为螺旋形,角尖向外伸;母羊多无角。耳大下垂、短脂尾、呈圆形,尾尖弯曲,尾部贮积脂肪。体躯被毛多为白色,头颈多为黑色或褐色。被毛呈毛辫结构。成年公羊体重45～65千克,剪毛量1～2千克;成年母羊体重35～55千克,剪毛量800～1 500克,产羔率100%～105%。净毛率60%～80%,屠宰率47%～52%。

蒙古羊毛皮薄而轻,保暖性强,结实耐用。产肉性能较好,当年羔5～7月龄满膘时屠宰率在40%以上。

蒙古羊具有耐粗饲、抓膘快、肉质好、适应性强等优点。

二、西藏羊

西藏羊原产于青藏高原,主要分布在西藏、青海、甘肃南部、四川西北部以及云南、贵州两省的部分地区。西藏羊是生活于世界海拔最高地区的绵羊品种,数量约2 000万只,仅次于蒙古羊,居第二位。

西藏羊体型极不一致,尾巴小、呈锥形,属短瘦尾羊。体躯被毛多呈白色,头、四肢多为黑色或褐色。

西藏羊按其所处地域可分为两种类型,即草地型和山谷型。牧区草地型西藏羊公、母均有角,角长而扁平,角向外向上作螺旋状弯转,头呈三角形,鼻梁隆起,体躯较长,几乎呈长方形,毛色全白者占6.85%,头、肢杂色者占82.6%,体躯杂色者占10.5%。成年公羊平均体重50.8千克,剪毛量1.42千克;成年母羊平均体重38.5千克,剪毛量0.97千克。被毛中无髓毛占46.9%,两型毛占41.6%,有髓毛占11.5%。毛辫长18～20厘米,弹性大,光泽好。山谷型西藏羊体格较小,体躯稍短,四肢较矮,公羊有角,母羊多数无角。在组成被毛的纤维类型中无髓毛占 54.6%,两型毛占 44%,有髓毛占 1.4%。成年公羊平均体重 36.79 千克,剪毛量 1.5 千克;成年母羊平均体重 29.69 千克,剪毛量 0.75 千克,羊毛不如草地型的长,但密度大,油汗较多,纺织性能较好。

西藏羊一般年产 1 胎,每胎双羔的极少。秋肥后的羯羊屠宰率平均为 48.68%。

三、哈萨克羊

哈萨克羊产于新疆维吾尔自治区,分布在天山北麓、阿尔泰山南麓及准噶尔盆地,阿山、塔城等为主要分布地区。除新疆外,甘肃、青海与新疆三省区交界处也有哈萨克羊。哈萨克羊的产地多为山地草原,冬季积雪很厚,气候严寒,羊只靠刨雪啃草为主,夏秋依地势高低、草生状况进行放牧,因而形成了体质结实、耐高寒、产肉脂多等特点。

哈萨克羊鼻梁隆起,公羊具有粗大的角,母羊无角。背腰宽,体躯浅,四肢高、粗健,善于行走。尾为肥尾,高附臀部,故称"肥臀羊"。尾宽大,下有缺口,不具尾尖,形似"W"。毛色极不一致,多为褐、灰、黑、白等杂色,全白者为数不多。体格高大,公羊平均体重 60 千克左右,最高可达 85 千克;母羊平均体重 50 千克左右,高的可达 60 千克。剪毛量一般成年公羊为 2.61 千克,成年母羊为 1.88 千克。羊毛较长,成年公羊毛辫长度为 11～18 厘米,成年母羊毛辫长度为 5.5～21.0 厘米,羊毛密度较稀。产羔率为 101%,产肉性能好,羊肉细嫩,脂肪丰富,味美可口。屠宰率为 49%。

哈萨克羊体格健壮,生活力强,善于爬山越岭,适于高山草原放牧,能耐寒、耐粗饲。羊毛弹性大,光泽强,但死毛甚多。

哈萨克羊为育成新疆细毛羊的母系,证明在条件较好的地区把哈萨克羊改成毛肉兼用细毛羊是完全可能的。

第四节　裘皮羊与羔皮羊品种

这类羊主要是生产裘皮和羔皮,但成年羊的羊毛属粗毛。

一、裘皮羊品种

以生产裘皮为主的品种,称为裘皮羊,如滩羊。

滩　羊

主要分布于宁夏回族自治区的中部地区,如石嘴山、惠农、平罗、贺兰、银川、盐池、同心等地,与其相邻的甘肃的景泰、靖远、环县,陕西的定边,内蒙古的阿拉善左旗也有分布。其分布地区的主要特点为干旱气候和半荒漠草原,生长耐旱和耐盐碱植物。

滩羊的体型近似蒙古羊。公羊有角,向外伸展,呈螺旋状;母羊一般无角,有角亦不发达。尾为脂尾,尾根宽,向下逐渐变小,呈长锥形,尾尖向上卷起,尾长可达飞节以下,属长脂尾型。体躯被毛一般为白色,头部被毛多为黑色、褐色或黑白相间。滩羊一年剪毛两次,一般成年公羊平均剪毛量为1.91千克,母羊为1.12千克,当年羔羊600克。羊毛长度一般在8.74厘米以上,弯曲明显。被毛组成:无髓毛占37.14%,两型毛占43.24%,有髓毛占19.62%。由于两型毛含量高,有髓毛含量低,所以滩羊毛是纺织提花毛毯的优质原料。成年公羊体重为40～50千克,成年母羊体重为35～45千克。产羔率101%～103%,屠宰率在45%以上。滩羊肉味鲜美无膻味,羔羊肉尤佳。自20世纪90年代以来,风靡甘肃兰州、白银,走俏大西北并远销北京的"靖远羊羔肉",就是以滩羊的羔羊肉为原料加工的,深受消费者青睐。

羔羊出生后 35 日龄左右宰杀,剥制裘皮。滩羊裘皮结实、轻软、保暖性好,毛股自然长 8 厘米左右,毛股有 3～5 个弯曲形成各种花穗,如串字花、软大花等。滩羊是在当地独特生态条件下,经长期自然选择和人工选择形成的,是我国独有的名贵裘皮羊品种。滩羊裘皮在国内、国际市场上都享有很高的声誉。

针对滩羊通常一年一产,一胎一羔的繁殖特性,由甘肃省畜牧技术推广总站主持的《滩羊肥羔综合生产技术开发与研究》项目中,在 1998 年 1 月至 2000 年 3 月期间,专项研究了滩羊两年产三胎及一年产两胎的可能性。结果证明,通过改善母羊饲养管理条件,即夏秋青草季节延长放牧时间,甚至昼夜连续放牧,目的是抓好膘,冬春枯草季节适当补饲草料,按季节防疫驱虫,御寒防暑,精心管理,使母羊在产冬羔后,仍保持良好体况。这样,母羊通常在产后 15～20 天又可发情配种,从而达到两年三胎,甚至一年两胎。这一比例达到试验羊群母羊数的 55％左右。其次,给滩羊导入小尾寒羊血液,即用小尾寒羊公羊与滩羊母羊杂交,再取寒滩一代母羊同滩羊公羊交配,明显地提高了滩羊母羊的双羔率。这一结果对滩羊羔肉的生产也是有利的。

二、羔皮羊品种

专门生产羔皮的羊称为羔皮羊,如湖羊、卡拉库尔羊等。

(一)湖 羊

湖羊产于浙江、江苏太湖流域。主要分布在浙江的吴兴、嘉兴、海宁、杭州和江苏的吴江、宜兴等地区。

湖羊产区为蚕桑和稻田集约的农业生产地区,气候温暖,冬季气候在 0℃ 以下的天数不多,夏季气温则湿热异常,雨水较多,青草茂盛,农民普遍栽桑养蚕,以桑叶饲蚕,蚕沙饲羊,秋后桑叶枯落,也收集作为羊的饲料。羊粪肥田,农牧结合。湖羊由于缺少放牧地,多为舍饲。

湖羊头面狭长,鼻梁隆起,耳大下垂,但也有少数耳极短的。公、母羊均无角,眼大突出,颈细长,体躯较狭,肩胸不够发达,体质趋于娇嫩。背腰平直,十字部较鬐甲部稍高。母羊腹部稍下垂。湖羊全身被毛白色,带有黑褐色斑点的为数极少。黑褐色斑点多分布于眼圈周围及四肢下部,脂肪尾,大部为圆形。

湖羊体重差异较大,一般公羊平均体重 41.5 千克,大者可达 90 千克以上;母羊平均体重 37.77 千克,也有达 68 千克以上的。湖羊一般每年剪毛两次,大羊春毛约 500 克,秋毛约 350 克;春毛长约 7 厘米左右,秋毛长约 5 厘米左右。羊毛密度小,净毛率约 55%。

湖羊繁殖率高,每胎一般产两羔,多的可产 5～6 羔,繁殖率平均达 212%。湖羊恋羔性好,羔羊成活率也高,一般为 95.03%。单羔初生重一般为 3.5～4.0 千克,双羔平均每只为 2.5～3.0 千克,三羔平均每只为 1.5～2.0 千克。

湖羊羔羊出生后 3 日内宰杀剥取羔皮(小湖羊皮),具有毛色洁白、光泽强、花纹奇特、扑而不散,如行云流水,板质轻薄柔软等特点,被誉为"软宝石",在国际市场享有盛名,为我国传统出口商品之一,是制作翻毛大衣和衣帽镶边的优质原料。

湖羊泌乳性能好,5 个月可泌乳 150 升左右。另外,湖羊成熟早,生长快,一般出生后 7～8 个月即可开始配种繁殖。羔羊增重快,一般 6 个月可达 30 千克。

湖羊被毛中死毛较多，品质不佳，加以长期舍饲，缺乏运动，致使择食性强，体质偏细弱。

湖羊是我国宝贵的品种资源，除其优异的繁殖性能外，还有适应舍饲条件下工厂化饲养及耐湿热等特性，这是我国其他绵羊品种所不及的。特别在我国南方地区，夏季高温潮湿，其他绵羊较难适应，而湖羊则可正常生活繁殖，故南方各省发展肥羔生产，用湖羊做母本是最佳选择。

在新疆利用湖羊导入杂交来提高单胎绵羊的产羔率已得到证实。20世纪70年代新疆畜牧科学院利用湖羊与当地卡拉库尔羊杂交，于1988年培育成功多胎卡拉库尔羊新品种。这种卡拉库尔羊头胎产羔率为149.2%，第二胎产羔率为167%，而当地原卡拉库尔羊经产母羊的产羔率仅108.4%，导入杂交使原卡拉库尔羊的产羔率提高59%。新疆生产建设兵团紫泥泉种羊场，在中国美利奴羊中导入1/8～1/16的湖羊血液，终于在1994年培育成中国美利奴羊多胚品系，该品系母羊产羔率达168.9%，育种核心群母羊产羔率达182.4%，比同等条件下的中国美利奴羊B，C两个品系产羔率提高60%～70%，较我国一般细毛羊品种产羔率提高30%～60%，而且羊毛品质并没有下降。与此同时，该品系羔羊断奶成活率也较同样条件下的美利奴羊提高50%～60%，这是由于导入湖羊血液后，母羊泌奶性能得到提高，保姆性得到了改善。

新疆多胎卡拉库尔羊新品种和多胎中国美利奴羊新品系培育成功，说明利用湖羊导入杂交，完全可使单胎绵羊最终育成多胎绵羊品种，并且仍保持原有单胎品种的生产方向和产品品质不变。

如何使绵羊多胎，提高繁殖力，始终是养羊业生产中十分关注的问题。因为养羊经济效益在很大程度上取决于羊的多胎性能，特别对肉用羊、羔裘皮羊养羊业来讲，更要关注这一经济性状的选择和培育。

（二）卡拉库尔羊

卡拉库尔羊是当前世界上最著名最珍贵的羔皮羊品种。原产于中亚细亚的乌兹别克斯坦、土库曼斯坦、哈萨克斯坦、塔吉克斯坦等国的荒漠半荒漠草原地区，现分布在世界50多个国家和地区。除上述几国外，饲养量多的国家还有阿富汗、南非、西南非、俄罗斯等。我国是1951年从前苏联引入，主要饲养在西北、华北及东北地区，适应性强，用以改良蒙古羊、哈萨克羊、库车羊效果良好，并在此基础上培育成中国卡拉库尔羊。目前，我国已有卡拉库尔羊纯种及各类杂种羊百余万只，主要饲养在新疆、内蒙古等地。

卡拉库尔羊所产羔皮称为卡拉库尔羔皮，亦称波斯羔皮，是羔羊出生后3天内宰杀剥取的羔皮。因具有独特的毛卷类型和各种天然毛色而图案美观，加之羔皮丝样柔软滑爽，光泽宜人，所以在国际毛皮市场上一直享有盛誉，成为国际毛皮市场的两大支柱之一。

卡拉库尔羊头稍长，鼻梁隆起，耳大下垂，母羊多数无角，公羊大多有螺旋形角，角尖稍向两旁伸出。体躯较深，臀部倾斜，四肢结实。尾基部较宽，特别肥大，能积存大量脂肪，尾尖呈"S"形弯曲并下垂至飞节，属长脂尾型。毛色以黑色为主，其次为灰色、彩色、棕色等，并随年龄增长而变化。如初生为黑色，到断奶时逐渐变成褐色，到1～1.5岁时变为白色，此后又逐渐转变成灰白色。头部、四肢及尾部的毛色则一直不变。成年羊体重，公羊60～90千克，母羊45～70千克。被毛为异质粗毛。剪毛量成年公羊3.0～3.5千克，母羊2.5～3.0千克，产羔率 105%～115%。在正常饲养条件下,宰羔后的母羊可日挤奶 0.5～1.0 千克,泌乳期 120 天左右,总挤奶量可达 67 千克,乳脂率 6%～7%。成年羊肥育后,肉用品质良好,屠宰率 50%左右。

卡拉库尔羊作为羔皮羊的最大不足之处是其母羊产羔率不高,一般多为单胎。为克服这一缺陷,我国新疆已培育出多胎卡拉库尔羊新品种。在前面湖羊部分已作介绍。

第五节　肉用羊品种

一、我国主要肉用羊品种

(一)阿勒泰大尾羊

阿勒泰大尾羊属肉用粗毛羊品种,又称阿勒泰肥臀羊。原产于新疆维吾尔自治区阿勒泰地区,主要分布在福海县周围及富蕴县部分地区,亦叫福海大尾羊。该品种是哈萨克羊的一个类型,为优良的地方品种。

阿勒泰大尾羊体格大,公羊有螺旋形大角,母羊大部分有角。鼻梁隆起,耳大下垂,颈长中等,胸宽深,背腰平直,腿高结实,股部肌肉丰满,脂尾大并有纵沟。秋季膘肥时,脂肪积蓄,附于臀部,形如一大脂肪垫,重量可达 7～8 千克。乳房发育良好。被毛多为褐色,全黑或全白羊较少,部分羊头部为黄色或黑色,体躯被毛为白色。阿勒泰大尾羊毛色较杂,毛质差。成年公羊体重可达 80～130 千克,剪毛量约 2.47 千克;成年母羊体重 60～70 千克,剪毛量约 2.07 千克,产羔率平均为 110%,屠宰率 53%。羔羊早熟易肥,初生重 4.5～5.4 千克,5～7 月龄体重可达 35 千克,屠宰率 45%。在放牧条件下,脂尾和体内脂肪占活重的 13%～15%。目前已成为我国生产羔羊肉的绵羊品种之一。

（二）乌珠穆沁羊

该品种主要分布在内蒙古自治区锡林郭勒盟的东、西乌珠穆沁旗,数量有 150 余万只,已是当地开展肥羔生产、活羊出口的一项主要商品资源。

乌珠穆沁羊体格高大,体躯长,背腰宽,肌肉丰满,全身结构匀称,鼻梁隆起,耳大下垂或半下垂,脂尾大而肥厚、呈椭圆形,尾部中线有条纵沟将尾分为左右两半,公羊无角或有螺旋状角,母羊多数无角。毛色以体躯白色、头颈为黑色的居多,全白或体躯杂色居少数。据近年研究结果表明,在自然群体中具有 14 对肋骨(多肋骨性状)的羊只占到 17%～20%,目前该地区正开展多肋骨乌珠穆沁羊新品系的培育工作。

乌珠穆沁羊生长发育快,6 月龄平均日增重公羔可达216.7 克,母羔 206.9 克,有较好的早熟性和利用青草季节的优势。6～7 月龄羔羊体重 35～40 千克;成年公羊体重平均为74.43 千克,母羊 58.4 千克。屠宰率平均为 51.4%,多肋骨羊比正常羊的屠宰率和净肉率高出 3.2% 和 1.6%。尾脂重一般为 3～5 千克,最高的可达 16 千克。繁殖力不高,产羔率平均为 100.2%。

（三）小尾寒羊

该品种主要分布在山东省菏泽、济宁以及相毗邻的河南、河北、江苏、安徽等省部分地区。小尾寒羊四肢较长,头、颈长,体躯高,前躯、后躯都较发达,鼻梁隆起,耳大下垂,脂尾短、一般都不超过飞节。公羊头大,有三棱形螺旋状大角;母羊约半数有角,或角细小,形状不一致。毛色绝大多数为白色,部分母羊头部有黑色斑块。小尾寒羊生长发育快、早熟,肉用性能好。

周岁体重,公羊 60.83±14.6 千克,母羊 41.33±7.85 千克;成年体重,公羊 94.15±23.33 千克,母羊 48.75±10.77 千克;剪毛量,成年公羊 3.5 千克,母羊 2.1 千克。被毛为异质粗毛,并含有 9% 左右的死毛纤维,品质较差。净毛率约 60%。该品种性成熟早,母羊 6 月龄、公羊 8 月龄即可配种繁殖。母羊一年四季均可发情,通常是两年产三胎,甚或一年产两胎。每胎以产双羔居多,其次是一胎产三羔。产羔率,经产母羊为 260%～276%,最高一胎可产 6～7 羔。其繁殖性能居国内绵羊品种之首,即使在世界上也属多胎高产品种。6～10 月龄羯羊屠宰率为 48%～58%。

小尾寒羊因其具有常年发情、多胎多产的优异繁殖性能,以及生长发育块、早熟的特性,所以是进行羊肉生产,特别是肥羔生产的理想基础品种。可以用它同其他优秀肉用品种广泛地进行经济杂交,以充分利用它的这些优秀肉用特性,生产更多更好的优质羊肉。

二、我国引入的肉用羊品种

(一)夏洛来羊

原产于法国夏洛来地区。是由英国莱斯特羊和南丘羊为父本与当地细毛母羊杂交而育成。1974 年法国农业部正式定为品种。

夏洛来羊被毛白色,公、母羊均无角,额宽,耳大,颈短粗,肩宽平,胸宽而深,肋部拱圆,背腰部平直,肌肉发达,体躯长呈圆桶状,后躯宽大,两后肢间距离大,肌肉丰满,呈"U"字形。四肢短矮,肉用体型好。被毛为同质半细毛,羊毛细度为 50～58 支,毛纤维直径 25.5～29.5 微米,毛长 7 厘米左右。体重成年公羊 100～150 千克,成年母羊 75～95 千克;羔羊生长发育快,6月龄公羔体重48～53千克,母羔38～43千克;7月龄出售的种羊标准体重,公羔50～55千克,母羔40～45千克。夏洛来羊胴体质量好,瘦肉比例高,脂肪少,屠宰率55%以上。产羔率高,经产母羊为182.3%,初产母羊为135.3%。

20世纪80年代中期以来,我国河北、河南、甘肃等地已引入夏洛来种羊。目前国内已有许多省、自治区饲养,同当地羊种杂交,所产杂种羔羊肉用性能良好。夏洛来羊在发展我国羊肉生产,特别是肥羔生产上,应作为一个主要父系品种,广泛地用于同当地羊种进行经济杂交,以充分利用和发挥其产肉性能的潜力。

(二)无角陶赛特羊

简称陶赛特羊,原产于澳大利亚和新西兰。该品种是以雷兰羊和有角陶赛特羊为母本、考力代羊为父本进行杂交,杂种后代再与有角陶赛特羊回交,然后选择其无角后代互交,培育而成。无角陶赛特羊属短毛肉用品种。公、母羊均无角。颈粗短,体躯长,胸宽深,背腰宽平而长,肌肉丰满,后躯发育良好,躯体呈圆桶状,四肢粗短。全身被毛白色,颜面、耳朵、眼周及四肢下端为褐色,无被毛覆盖。成年公羊体重90～120千克,母羊60～80千克。成年母羊剪毛量2.3～3.2千克,毛长7.5～10厘米,羊毛细度50～58支,产羔率140%～175%。4月龄肥羔胴体重,公羔20～24千克,母羔18～22千克。该品种羊具有早熟、生长发育快、常年发情等品种特点,同时能够适应干燥气候,耐热性能好。

无角陶赛特羊20世纪80年代引入我国,内蒙古、新疆等地均有饲养。2002年甘肃省畜禽良种场从澳大利亚引入该品种公羊10只,母羊40只,经一年饲养,已繁活羔羊40多只,并表现出良好的适应性。充分合理地利用该品种,对发展我国肉用羊很有意义。内蒙古地区用陶赛特羊同蒙古羊杂交所产杂种羔羊,在放牧条件下,日增重 177 克;180 日龄体重达 36 千克,胴体重 17.5 千克,比对照组高出 20%左右。新疆用陶赛特公羊同阿勒泰母羊杂交所生杂种羔羊,在舍饲育肥条件下,日增重达到 352 克;120 日龄胴体重达 20.03 千克,比对照组高出 17%左右。山东省用以同小尾寒羊杂交,杂种后代表现出了良好的产肉性能。杂种一代公羊 6 月龄胴体重 24.2 千克,屠宰率 54.5%,净肉重 19.14 千克,后腿肌肉重 11.15 千克,占胴体重的 46.07%。

(三)萨福克羊

萨福克羊原产于英国。体格较大,体躯强壮,四肢粗壮结实。无角,被毛白色,但有些羊被毛中有有色毛纤维。颜面、耳朵及四肢为黑色,头和四肢无被毛覆盖。头较长,胸宽,背腰和臀部长宽而平,肌肉丰满,后躯发育好。体重成年公羊 114~136 千克,母羊 60~90 千克;剪毛量成年公羊 5~6 千克,母羊2.3~3.2 千克。毛长 7.5~10 厘米,羊毛细度 50~58 支。产羔率 122%~140%。4 月龄肥羔胴体重,公羔 24.2 千克,母羔 19.7 千克。萨福克羊具有适应性强、生长速度快、产肉多等特点,肉羊生产实施经济杂交时,宜作为终端父本。

萨福克羊于 20 世纪 80 年代末引入我国后,与国内的哈萨克羊、阿勒泰羊、蒙古羊以及细毛杂种羊等杂交,所产杂种羔羊均具有明显的肉用体型。如在新疆地区用以同阿勒泰羊杂交,杂种羔羊在舍饲肥育条件下,日增重 397 克,120 日龄活重 37.9 千克,胴体重为 19.51 千克;在内蒙古地区同蒙古羊杂交,杂种羔羊在放牧肥育条件下,190 日龄时胴体重 18.33 千克,效果亦比较理想。在相同饲养管理条件下,4~6 月龄羔羊平均体重,杂种一代比国内品种高 3~8 千克,胴体重高 3~4 千克,显示出其明显地提高后代产肉性能的能力。因此,萨福克羊也是发展我国肉用羊的一个比较理想的父系品种。

(四)特克塞尔羊

特克塞尔羊原产荷兰特克塞岛。以英国林肯羊、莱斯特羊两品种公羊同当地马尔盛夫品种母羊杂交育成。该种以其肌肉发达、瘦肉率高、肉味鲜美而出名。被广泛地引入到法国、德国、英国、美国、新西兰、比利时、印度、南美及非洲等世界各地后,用作父本同当地品种进行经济杂交生产肥羔,均受到赞誉。例如,20 世纪 80 年代引入到新西兰后,为该国特级羔羊肉生产及出口贸易做出了巨大贡献;而在英国将该品种作为其生产肥羔的终端父本品种,被广泛应用。

特克塞尔羊的外貌特征是体格大而毛长,全身被毛白色,公、母羊均无角。体躯长而肌肉丰满,背腰平直而宽,前胸宽圆,肋骨开张良好,后躯发育丰满。四肢较高,直而粗壮,站立姿势开张有力。头大小适中,眼大突出。鼻镜、口唇和眼圈部皮肤为黑色,耳间两侧平直伸展、呈白色,蹄质为黑色。该品种适应性强,尤其对寒冷气候具有良好的适应性,耐粗饲。其主要生产性能,成年公羊体重 110~130 千克,母羊 60~80 千克;剪毛量4.5~5.0 千克,净毛率 60%,羊毛细度 48~56 支,羊毛长度10~15 厘米。早熟,生长发育快,羔羊 3 月龄断奶体重 34 千克,胴体重 17 千克以上,断奶前日增重 341 克,断奶后 1 个月内日增重公羔为 282 克,母羔 236 克。6 月龄体重可达50~60 千克,屠宰率 54%~60%。母羊泌乳性能好,产羔率150%~160%。

特克塞尔羊有三个突出的优点。其一,具有高的骨肉比、肉脂比和屠宰率;其二,肌肉生长速度快,眼肌面积大,较其他肉羊品种高出 7％以上。所以瘦肉率高,肉质风味好,是理想的肉羊生产的终端父本品种;其三,在同类型绵羊中,其羊毛生产性能也较为优异,其被毛呈毛丛结构,为优质半细毛。

该品种引入我国时间不长。中国农业科学院畜牧研究所近年从新西兰引进了一批。黑龙江省 1995 年引进该品种公羊10 只,母羊 50 只。繁育结果是,其中 14 月龄公羊平均体重100.2 千克,母羊 73.28 千克;母羊产羔率 200％。30～70 日龄羔羊日增重 330～425 克。母羊平均剪毛量 5.5 千克。用于杂交改良,效果十分明显。在相同饲养管理条件下,同东北细毛母羊杂交的杂种一代羔羊,30 日龄到断奶日增重 320 克,比当地细毛羔羊高 68％;杂种一代母羊产羔率比细毛母羊高30％;7 月龄宰前平均活重公羊为 45.5 千克,比细毛羊多10.95 千克,高出 31.69％;平均净肉重 14.97 千克,比细毛羊多 5.08 千克,高出 51.37％。杂种一代羔羊胴体重、胴体形态及瘦肉率等指标均同国外肥羔指标相近似。2002 年甘肃省畜禽良种场原种肉羊场从澳大利亚引进该品种公羊 10 只,母羊40 只。经一年多饲养观察,已繁殖成活羔羊 44 只,成年羊和羔羊均表现活泼健壮、无病,适应性好,有望成为甘肃省良种肉羊繁育基地的主要品种之一。可以认为,特克塞尔羊是改良我国绵羊品种,提高产肉性能,实施肥羔生产的理想父本之一。我国已将该品种的引进、繁育、推广列入国家"948"项目。

第三章　绵羊改良与育种

第一节　绵羊的选种

一、选种的作用

好羊产好羔，次羊产次羔，这是公认的道理。绵羊是有性繁殖动物，能通过生殖细胞把它的外貌、特性和生产性能遗传给后代，这称为遗传性。历史悠久的品种，其遗传性比较稳定；历史较短的品种或杂种，其遗传性不太稳定。选种就是在大群绵羊中，把那些生产性能高、育种品质好、体格健壮的优良个体选择出来，以扩大繁殖；再结合对劣质个体的淘汰，从而达到改良绵羊的目的。除了遗传性之外，绵羊还有变异性，也就是后代常发生与双亲不一样的某些性状。绵羊固有的或变异后出现的性状，有的对人类有益，有的对人类无益。我们可以在各个世代中经常选择有益性状并淘汰不利性状，以不断提高群体中优良遗传基因出现的频率，降低和消除劣质基因出现的频率，从而使整体羊群质量不断改良和提高。

选种是一项创造性的工作，是绵羊改良和育种工作中不可缺少的一个环节，是最基本的育种手段之一。实践证明，往往只要选准少数几只甚至 1 只优秀种公羊，将其扩大利用，就会大大加快羊群整体水平的提高和新品种的育成。因此，绵羊的选种工作，无论在本品种选育、杂交改良或培育新品种的过程中，都是需要经常坚持的。

二、选种方法

绵羊的选种,主要是指种公羊的选择,要从被选的后备公羊中,反复比较,最后确定要选的公羊。这一程序,一般从以下四个方面着手进行:其一,根据个体本身的表现——个体表型选种;其二,根据个体祖先的成绩——系谱选种;其三,根据旁系品质——半同胞测验成绩选种;其四,根据后代品质——后裔测验成绩选种。这 4 种方法是相辅相成、互有联系的,应根据不同时期的资料合理利用,以提高选种的准确性。

(一)根据个体表型选种

个体表型值的高低是通过个体品质鉴定和生产性能测定的结果来衡量的。因此,要首先掌握个体品质鉴定和生产性能测定的方法。此法标准明确,简便易行,尤其在育种工作的初期,当缺少育种记载和后代品质资料时,是选种的基本依据。表型选种的效果,取决于表型与基因型的相关程度,以及被选性状遗传力的高低。

1. 个体品质鉴定

(1)鉴定的方式、时间和年龄 绵羊鉴定有个体鉴定和等级鉴定两种,都是按鉴定项目和等级标准准确地进行并评定等级,不同点是前者须把鉴定结果逐项记载,而后者则不作个体记录,只写等级编号。进行个体鉴定的绵羊包括特级、一级公羊,各级种用公羊,准备出售的成年公羊和幼年公羊,特级母羊和指定做后裔测验的母羊及其羔羊。除进行个体鉴定的以外,都做等级鉴定。

绵羊鉴定的次数、年龄和时间,因其本身品质和产品方向而不同,一般应在其主要产品品质的特征达到充分表现,且有可能做出正确判断的时候进行。

毛用羊和毛肉兼用羊通常都在周岁后第一次剪毛前做一次基本鉴定,特级公、母羊和基本公羊也常于第二次剪毛前再做一次补充鉴定。为了培育优良羔羊,根据初生羔的初生重、体质、毛色、毛质、体格发育等做初生观察鉴定,凡品质恶劣不能做种用的公羔及时去势。羔羊断乳分群(4月龄左右)时,根据体重、体型、毛密、毛长、毛细、毛色和体格大小等再做一次断奶鉴定,根据鉴定结果组编羔羊群。

羔皮和裘皮羊品种的鉴定时间与毛用羊不同。羔皮羊在出生后3日内羔皮品质最好时鉴定;裘皮羊在出生后1月龄左右鉴定,有时在一岁半第一次剪毛前根据个体发育、体型、毛质和毛色等再做一次补充鉴定。

(2)鉴定的人员和准备 作为育种用的大型羊群,最好由熟悉羊群情况和经过专门训练的技术人员担任鉴定工作;其他羊群也要由有经验的技术人员担任鉴定工作。鉴定人员在开始鉴定前,对羊群各项记录如配种、产羔、断奶、体重、毛量、公羊品质和饲养管理情况做详细了解。其他鉴定用品如鉴定记录表、耳标及耳标钳、米尺、消毒药品、羊毛细度标本、临时分群栏、台秤等都要事先备妥。

(3)组织羊群 经过鉴定的羊群,最好按等级分群。按等级分群有两个好处:一是便于优羊优饲,实行科学养羊;二是按各等级特点选择合适的公羊配种。在羊比较集中的地区,应把特级羊单独组群,以便实行个体选配。等级羊(如一、二、三、四级)按等分群,以便为每个等级的母羊选择适当的公羊配种。在羊数较少的地区,难以实施上述组群原则时,可适当变通,把相近等级和类别的羊酌情合并,但这样组群时,群内的每只羊都需要打上等级号,以便进行选配。按上述办法组群后,在补充或淘汰羊时,就容易调进或调出。

绵羊细毛羊、半细毛羊鉴定标准,参见附录。

2. 生产性能测定 生产性能主要是指剪毛量、体重、繁殖力、泌乳力、屠宰率、早熟性和羔皮、裘皮品质等。

产毛量的高低不仅根据原毛量的多少,更重要的是净毛量的多少;故每年应从育种群抽取一定数量的母羊测定净毛率,种公羊应全部测定。

体重分剪毛前和剪毛后两种,于剪毛前后的称重时测得。体重的大小往往和产毛力与产肉力相一致。在饲养条件较好的地区,应选留体重大的个体,条件差时不宜片面追求体重。体重选留的标准要根据育种计划所订的指标制定。

繁殖力的高低直接关系到畜群发展的速度,这对羔皮、裘皮品种尤为重要。繁殖力和饲养管理条件及品种遗传性有密切关系,以产羔率的大小代表。

泌乳力的测定,以羔羊出生后 15～21 天的总增重乘以 4.3 的积,代表该时期的泌乳量,4.3 是羔羊增重 1 千克所消耗的母乳量。

屠宰率是指活重与胴体重的比例,每次测定要不少于定量头数,在肥育后选择中等以上肥度的羊供测定。

早熟性与生长发育快慢有关,应根据初生重、断奶重、1岁重和成年重的比例来确定。如 1 岁重达到成年活重的 70%以上,就算生长快,早熟性较好。

羔皮、裘皮品质可按所产羔皮、裘皮的等级比例确定。

(二)根据系谱选种

系谱是反映个体祖先血统来源、生产性能和等级的重要资料,是个体遗传信息的重要来源。如果被选个体本身好,并且许多主要经济性状与亲代具有共同点,证明遗传性稳定,就可以考虑留种。当个体本身还没有表型值资料时,可用系谱中祖先的资料来估计被选个体的育种价值,从而进行早期选种。因此,系谱是选种的重要依据。根据系谱,还可以做出种公羊有关遗传性的近似结论,也可以了解其亲代及祖代是否曾进行过亲缘繁殖和选配效果。

系谱中的各代祖先对种公羊的遗传影响程度很不相同,以亲代影响最大,祖代次之,曾祖代更次之。在养羊业实践中,一般对祖父母代以上祖先的资料较少考虑。在进行系谱比较时,既要考虑该系谱表现的生产力水平和遗传性的稳定情况,也要考虑种公羊亲祖代的饲养水平,因为生产力的高低与饲养水平有密切关系。

系谱审查要求有详细记载,凡是自繁的优秀种公羊,应做详细的育种记载。购买种公羊时需向出售单位索取系谱卡片。

(三)根据旁系品质选种

根据旁系品质选种,是指根据被选个体的半同胞表型值进行选种,即通过利用同父异母半同胞表型值资料来估算被选个体育种值的方法进行选种。这一方法在养羊业上更有其特殊意义。第一,人工授精繁殖技术在养羊业中应用广泛,同期所生的同父异母半同胞羊数量大,资料容易获得;由于是同期所生,环境影响相同,所以结果也较准确可靠。第二,可以进行早期选择。在被选个体无后代时即可进行。

(四)根据后代品质选种

根据后代品质选择种公羊也叫后裔测验。个体鉴定、生产性能和血统都好的种公羊,其育种价值的高低,还得根据其后代的品质才能做出最后的结论。即便其他方面基本相近的几只种公羊,其种用价值却不见得相同,甚至相差很远。因此,根据后代品质选种是最直接最可靠的选种方法。因为选种的目的就在于获得优良后代。如果被选种羊的后代好,说明该种羊的种用价值高,选种正确.后裔测验方法的不足之处是需时较长,要等到种羊有了后代,并且后代要长到其主要经济性状得以充分表现,才有可能做出正确评定的时候,才能做出结论.尽管如此,后裔测验仍是大型羊场和有育种任务的羊场,以及一些重点养羊地区必须采用的选种方法.因为在养羊业已普遍应用人工授精技术的情况下,每只种公羊在一个配种期能配成千上万只母羊,如果用未经后裔测验的公羊配种,很可能给育种工作和生产带来难以估量的损失;反之,通过后裔测验挑出来的优秀种公羊,扩大其利用率,就可能在短期内发挥显著的改良效果.因此,在养羊业中都很重视后裔测验.

后裔测验的方法及应遵循的基本原则如下.

1. 被测公羊的条件　被测公羊需经表型选择、系谱审查及半同胞旁系选择后,认为最优秀的并准备以后要大量使用的公羊,年龄 1.5～2 岁.

2. 被测母羊的条件　与配母羊品质优良、整齐,最好是一级母羊,或准备以后该公羊要配的二级或三级母羊,年龄 2～4 岁.

3. 每只被测公羊的配种母羊数量　在细毛羊、半细毛羊、绒山羊上要求 60～70 只,即以其所产后代到周岁龄鉴定时不少于 30 只母羊为准;羔裘皮羊上配 30～50 只母羊即可.配种时间尽可能相对集中为好.

4. 后代出生后应与母羊同群饲管　同时对不同公羊的后代,也应尽可能在同样或相似的环境中饲管,以排除环境因素造成的差异,以获取后裔测验的准确结果,提高选种效果.

后裔测验结果的评定方法,在养羊业生产实践中有两种:

(1)母女对比法　有母女同龄成绩对比和母女同期成绩对比两种.前者有年度差异,特别当饲管水平年度波动大时,会影响结果；后者虽无年度差异，但需校正年龄差异。例如，对体重来讲，一般按1岁龄体重相当于成年羊70%校正，毛量按80%校正。在进行母女比时，通常采用以下两种方式：

①母女直接对比。即以母女同一性状的差（D−M）进行比较（表3-1）。

表 3-1　母女直接对比表

公羊号	母女对数	体重（千克）			剪毛量（千克）		
		母 (M)	女 (D)	母女差 (D−M)	母 (M)	女 (D)	母女差 (D−M)
9-718	29	41.76	44.17	+2.41	4.27	4.64	+0.37
9-13	21	44.29	46.38	+2.09	4.36	4.83	+0.47
9-36	21	43.05	43.71	+0.66	4.40	4.39	−0.01

从表3-1母女直接对比结果看，被测公羊中以9-13和9-718后代好，9-36较差。

②公羊指数对比。公羊指数是以女儿性状值在遗传来源上由父母各提供一半为依据计算而得。即：

$$D=(F+M)/2$$
$$F=2D-M$$

式中：F ——公羊指数

　　　D ——女儿性状值

　　　M ——母亲性状值

所以公羊指数等于女儿性状值与母女同性状值差之和，公羊指数越大，表明该公羊后代平均值超过母代之值越大，公羊的种用价值就越高（表3-2）。

表 3-2　被测公羊的公羊指数

公羊号	母女对数	体重（千克）	剪毛量（千克）
9-718	29	46.58	5.01
9-13	21	48.47	5.30
9-36	21	44.37	4.38

公羊指数对比结果仍以 9-718 和 9-13 公羊为好，9-36 公羊较差。2D-M 和 D-M 的对比结果基本相似，但 2D-M 既能比较被测公羊的优劣，又能反映出女儿生产性能的水平。

（2）同期同龄后代对比法　仍以上述 3 只公羊女儿资料为例做同期同龄后代对比。由于公羊间女儿数量不等，直接采用各自的算术平均数比较，难免出现偏差。为此在这一比较中，以采用某公羊女儿数（n_1）和被测全部公羊总女儿数（n_2）加权平均后的有效女儿数（W），计算出被测公羊的相对育种值来评定其优劣。

相对育种的值计算公式是：

$$A_x = \frac{D_w + \overline{X}}{\overline{X}} \times 100$$

式中：A_x——某公羊的相对育种值

　　　D_w——某公羊女儿某性状平均表型值（X_1）与被测公羊全部女儿同性状平均表型值（$\overline{X}$）之差（$X_1 - \overline{X}$）

　　　$\overline{X}$——被测公羊全部女儿某性状的总平均表型

　　　W——有效女儿数。

其计算公式是：

$$W = \frac{n_1 \times (n_2 - n_1)}{n_1 + (n_2 - n_1)}$$

相对育种值通常以 100% 为界,超过此数的为合格公羊。此值越大,公羊越好(表 3-3)。

表 3-3　后裔测验公羊的相对育种值

公羊号	女儿数 (n_1)	平　均 (x_1)	差数 D ($x_1 - \overline{X}$)	有效女儿数 (W)	加权平均差数 (D_W)	相对育种值 (%)
体重(被测公羊全部女儿平均值 $\overline{X}$=44.68 千克　n_2=71)						
9-718	29	44.17	-0.51	17.15	-8.75	80.41
9-13	21	46.38	+1.70	14.80	+25.16	156.31
9-36	21	43.71	-0.97	14.80	-14.36	67.87
剪毛量(被测公羊全部女儿平均值 $\overline{X}$=4.62 千克　n_2=71)						
9-718	29	4.64	+0.02	17.15	+0.34	106.90
9-13	21	4.83	+0.21	14.80	+3.11	167.31
9-36	21	4.39	-0.23	14.80	-0.34	92.64

从表 3-3 可看出,相对育种值在两项指标上均超过100% 的是 9-13 号公羊,而 9-36 号公羊的两项指标均在100% 以下,9-718 号公羊的体重指标合格,剪毛量指标不合格。对比结果,被测公羊的优劣便会有一个明确的结论。

在养羊业生产实践中,后裔测验被广泛地用于公羊,但也不能忽视母羊对后代的影响。后裔测验母羊品质的方法,是根据同一母羊与不同公羊交配所生后代的品质进行评定。若都能生产优良羔羊,就可以认为该母羊遗传素质优良;若与不同公羊交配,连续两次都生产劣质羔羊,该母羊就应由育种群转到生产群甚至淘汰。母羊的多胎性状是一个很有价值的经济性状,当其他条件相同时,应优先选择多胎母羊及其所生后代留种。特别是在肉用养羊业中,多胎是一个十分重要的经济性状。

三、影响选种效果的因素

羊群通过有目的、有计划、不间断的选择留种,就可使被选性状不断地获得改良和提高,这种因选择而产生的超越值,称为遗传进展量。在一个世代里所能获取的遗传进展量受下列因素制约。

(一)性状遗传力(h^2)的高低

遗传力是指亲代将其性状传递给后代的能力。家畜性状遗传力在品种内也不是固定不变的常数,它受环境因素、群体遗传结构以及性状本身特性等因素影响而变化。但对同一环境条件的羊群来讲,其性状遗传力值则是相对稳定的。绵羊性状遗传力值高低的区分界限是:$h^2>0.4$ 属高遗传力;$h^2=0.2\sim0.4$ 属中遗传力;$h^2<0.2$ 属低遗传力。绵羊主要经济性状遗传力值见表 3-4。

表 3-4　绵羊主要经济性状遗传力

性　状	遗传力	性　状	遗传力
一胎产羔数	0.10～0.15	增重效率	0.20～0.25
初生重	0.30～0.35	体　型	0.20～0.25
断奶重	0.30～0.35	体况评分	0.10～0.15
周岁龄体重	0.40～0.45	屠宰等级	0.20～0.25
断奶后日增重	0.40～0.45		
胴　体　性　状			
腰部脂肪厚度	0.20～0.25	胴体含脂率	0.35～0.40
腰部眼肌面积	0.40～0.45	胴体瘦肉率	0.30～0.35

性　状	遗传力	性　状	遗传力
胴　体　性　状			
肌肉大理石状	0.20～0.25	胴体等级	0.15～0.20
肌肉嫩度	0.30～0.35		
羊　毛　性　状			
面部盖毛	0.40～0.45	原毛量	0.45～0.50
颈部皱褶	0.25～0.30	毛丛长度	0.40～0.45
体躯皱褶	0.35～0.40	毛纤维直径	0.50～0.55
净毛量	0.45～0.50	约3.3厘米弯曲数	0.40～0.45

　　遗传力高的性状,表明其表现型和基因型之间的相关性较高,可直接根据表型值选种,例如断奶后日增重、周岁体重、眼肌面积、产毛量、羊毛细度等。对遗传力低的性状,如一胎产羔数、胴体等级、体况评分等性状,因其受环境因素影响较大,表型选择的效果就不理想,需采用家系选择,即必须更多地注意系谱、旁系和后代的相关资料进行选择。

　　(二)选择差的大小

　　选择差是指留种群某一性状的平均表型值与全群同一性状平均表型值之差。选择差的大小直接影响选择效果。选择差又直接受留种比例和所选性状在羊群内个体间的差异程度的制约。留种比例越大,选择差就越小,选择效果就越差;羊群内个体间性状差异程度越大,则选择差也随之增大,后代提高的幅度也就越大。所以,在养羊业生产实践中,为了加快选择的遗传进展,尽快提高羊群的总体质量水平,常常需要尽可能地加大淘汰数量，降低留种比例以提高选择差。下列公式即体现它们之间的关系。

$$R = Sh^2$$

式中：R——选择效果

S——被选性状的选择差

h^2——被选性状遗传力

（三）世代间隔的长短

世代间隔是指羔羊出生时双亲的平均年龄，或者说是从上代到下代所经历的时间。绵山羊的世代间隔通常是4年左右。计算公式为：

$$L_0 = P + \frac{t-1}{2}C$$

式中：L_0——世代间隔

P——初产年龄

t——产羔次数

C——产羔间距

世代间隔长短是影响被选性状遗传进展的因素之一。在一个世代里，每年的遗传进展量取决于性状选择差、性状遗传力以及世代间隔的长短。如以下公式所示：

$$\Delta G = \frac{Sh^2}{L_0}$$

式中：ΔG——每年遗传进展量

L_0——世代间隔时间

可见，世代间隔越长，性状的遗传进展就越慢。因此，在绵羊改良和育种工作中，应当尽可能缩短世代间隔。其主要办法有以下三种。

第一，公、母羊尽可能早地用于繁殖，不要不适当地推迟初配年龄。绵羊的初配年龄通常为 1.5 岁左右,但对一些早熟品种以及生态环境、生活条件较好、羊只个体发育好的羊品种,可适当提早初配年龄。

第二,缩短繁殖利用年限,淘汰老龄羊。公、母羊利用年限越长,到下代出生时双亲的平均年龄就越大,世代间隔就越长。

第三,缩短产羔间距。绵羊大多为一年一胎,但对全年发情的品种,可通过实施两年产三胎或一年产两胎等办法来缩短产羔间距。

第二节　绵羊的选配

一、选配的涵义和原则

绵羊选配就是根据母羊个体或等级群的综合特征,为其选用最适当的公羊配种,以期获得品质较为优良的后代。通过选种摸清羊的品质,再通过选配来巩固选种的效果,所以选配实际上是选种的继续,也是绵羊育种工作不可缺少的重要环节。

选配要与选种紧密结合起来,选种要考虑选配的需要,为其提供必要的资料;选配又要和选种相配合,以使双亲有益性状固定下来传给后代。

绵羊选配的原则,是用最好的公羊选配最好的母羊,但要求公羊的品质和生产性能必须高于母羊;不好或不很好的母羊,也要尽可能与较好的公羊交配,使后代得到一定程度的改善。具有某种缺点如凹背或体质细致的母羊,不能用有相反缺点的如凸背和体质粗糙的公羊配种,而应该用背部平直和体质结实的公羊配种。

要扩大利用某一只公羊,最好经过后裔测验,在遗传性未经证实之前,选配可先按绵羊外形和生产性能进行。种羊的优劣要根据后代品质判断。因此,要求育种群的羊要有详细和系统的育种记载。

二、选配的类别和方法

选配基本上可分为表型选配和亲缘选配两种。表型选配是以与配公、母羊个体本身的表型特征为依据,又可分为同质选配和异质选配;亲缘选配是着重考虑交配双方的血缘关系,又可分为近交和远交两种。

(一)表型选配

1. 同质选配　使具有相同生产特性或优点的公、母羊进行配种,目的在于巩固和提高共同的优点。如具有毛密而长的公、母羊之间的选配就是同质选配。同质选配能使后代保持和发展优秀种畜价值高的特点,并使遗传性趋于稳定,但容易造成单方面的过度发育,使体质变弱,生活力降低。故在绵羊繁育中是否采用同质选配,应根据育种工作的实际需要而定。

2. 异质选配　选择具有不同优点的公、母羊进行配种,希望其后代能结合双亲的优点。如选配羊毛密度大的公羊和毛长度好的母羊,以期产生毛密而长的后代。这种选配方式的优缺点,在某种程度上和同质选配相反。

3. 表型选配的具体应用　选配中的所谓同质和异质是相对的。例如毛密的公、母羊在同质选配的时候,以毛密来说是同质的,但以毛长来说,有可能是异质的。选配的性质属于哪一种,要看选配的主要目的,也就是要解决的主要问题。表型选配所希望达到的目的,只是主观愿望,能否达到预期的效果,则是一桩十分复杂的事情。因此,表型选配在养羊业中的具体运用也是十分复杂的。下面主要谈谈其中的个体选配和等级选配。

(1)个体选配 是在绵羊个体鉴定基础上所进行的一种选配。采取这种选配方式的主要是特级羊,如果一级羊为数不多时,也可以用这种选配方式。它主要是根据个体鉴定、血统、生产性能和后代品质等情况决定配偶。

对那些完全符合育种方向,满足理想型要求,体重、剪毛量较高的优秀母羊,可选择两个类型的公羊:一是进行同质选配,让它和具有优良品质的公羊配种,使其后代具有更理想和更稳定的优良品质;二是进行异质选配,以获得结合双亲不同优良品质的后代。

根据第一次选配效果的分析,进一步丰富了后裔测验的资料;如果第一次选配效果好,则以后可以继续这样选配;如选配效果不够好,则以后可以选配另外的种公羊。但应该知道,即便是同样的选配,每次所获得的后代也未必同样好,这是由于双亲或其中之一的遗传性不够稳定的缘故。

(2)等级选配 根据每一个等级母羊的综合特征为其选配公羊,以求得共同优点的巩固和共同缺点的改进。等级选配一般应用于一、二、三、四级母羊群(其中一级母羊只数不多时,也可作为个体选配)。一级母羊符合理想型要求,没有明显的缺点,如作为个体选配,其原则和方法同特级母羊。如作等级选配,则可选择和特级母羊配种后剩余的特级公羊。二级母羊(以新疆细毛羊品种为例)的特点是羊毛密度稍差,腹毛较稀、短。应为其选配毛密而长和腹毛较长的特级、一级公羊。三级母羊群的特点是体小、毛短和腹毛较差,应为其选配体大、毛长和腹毛较好的特、一、二级公羊。四级母羊群为生产性能低或有其他缺点的羊,可为其选配一、二、三级公羊。

根据上述情况即可推断,个体选配效果较好,但需要较多的技术力量和种公羊,故只能在少数羊中应用。而等级选配效果较差,但可节省人力和种公羊。因此,仍被广泛采用。

(二)亲缘选配

是有一定血缘关系的公、母羊之间的选配。亲缘选配和表型选配的关系是错综复杂的,同质选配可能是亲缘的,也可能是非亲缘的;异质选配可能是非亲缘的,也可能是亲缘的。在养羊业中凡新生子代的近交系数大于0.78%者,或者交配双方到其共同祖先的代数的总和不超过6代的,为近交;反之,则为远交。

分析了很多亲缘选配效果之后认为,一定程度的亲缘选配是无害的和允许的,而且不同品种和条件下所应限制的亲缘选配的程度也不相同;超过一定限度的亲缘选配,则对有机体产生抑制作用。可见亲缘选配有无危险以及危险的大小,和配种双方血缘关系的远近有密切关系。

1. 亲缘选配的效果   亲缘选配在养羊业实践中经常遇到,尤其在较小的畜群的繁育中更容易产生。亲缘选配的重要作用,在于它能使绵羊遗传性趋于稳定。在养羊业中采用亲缘选配的目的,是希望在后代中保存和发展祖先的优良品质,使畜群的同质达到最大的程度,这是其优点。但亲缘选配也可能引起后代生活力降低,羔羊体质柔弱,体格变小,生产性能和繁殖力降低。近交程度越大或时间越久,这种不良影响也越明显。

2. 亲缘选配的应用   亲缘选配的作用主要是能使绵羊遗传性得到稳定,如果在绵羊繁育中应用适当并注意防止其缺点的话,对提高绵羊品质,培育绵羊新品种具有实用价值,中外不少品种的育成,充分证明了这一点,故怎样合理地利用亲缘选配,是一个很有意义的问题。

近交只宜在培育新品种或品系繁育中固定性状时采用,并只限于那些经过鉴定的优良而健壮的绵羊个体。近交形式很多,可灵活采用:为使优良公畜遗传性尽快得到固定,可多利用公畜(如父女、祖父孙女间);为使优良母畜遗传性占优势,则多利用母畜(如母子、祖母孙子间);为固定父母共同优良品质,则多利用同胞、半同胞或堂兄妹间的近交。近交使用时间的长短,以达到目的为限度,以免发生近交衰退。进行亲缘交配,应采取下列措施预防不良后果的产生。

(1)严格的选择和淘汰 进行亲缘选配,必须根据体质和外形(除了生产性能外)来选配,健康而强壮的公、母羊配种可减轻和避免不良后果;亲缘选配所生的后代,要做仔细的鉴别,选留那些体质结实和体格健壮的个体继续做种畜,凡体质弱、生活力低的个体,均应从育种群淘汰。

(2)血缘更新 血缘更新,是把亲缘选配的后代与没有血缘关系并培育在不同条件下的同品种羊进行选配。这样的选配可以获得生活力高和生产性能好的后代。

第三节 绵羊的纯种繁育

纯种繁育一般是指在品种内进行繁殖和选育,其目的在于获得种用品质好和生产性能高的纯种。在纯种繁育过程中,参与交配的公、母羊,可以是有血缘关系的,也可以是没有血缘关系的。前者叫亲缘繁殖,又分为近亲繁殖和远亲繁殖;后者叫非亲缘繁殖,血缘更新也属于非亲缘繁殖。我国经常采用的纯种繁育方式有以下几种。

一、品系繁育

品系是品种内具有共同特点,彼此有亲缘关系的个体所组成的遗传性稳定的群体。

一个绵羊品种,常有几个性状需要提高,如剪毛量、毛长、净毛率、繁殖率等。在选育中考虑的性状越多,各性状的遗传进展就越慢,如果能建立几个不同性状的品系,然后通过品系间杂交,把几个性状结合起来,提高整个品种并建立新品系,效果就好得多。因此,在现代绵羊育种中,常把品种分成互相没有血缘关系的品系,品系成为品种的结构单位。品系繁育一般分为以下三个阶段。

(一)建立基础群

建立基础群的方法有两种:一是按血缘组群,二是按性状组群。前者是先将羊群进行系谱分析,查清羊群中各公羊后裔特点,选留优秀公羊后裔建立基础群,但其后裔中那些不具备该系特点的个体不应选留于基础群。后者是根据性状表现来建立基础群,这种方法不管血缘而按个体表现分群,如根据体格大小、净毛量、毛长等。这两种方法比较起来,按血缘组群适宜于遗传力低的性状,按性状组群适宜于遗传力高的性状。

(二)建立品系

建立基础群后,一般就把基础群封闭起来,不再从群外引入公羊,只在基础群内选择公、母羊进行繁殖,逐代把不符合品系标准的个体淘汰,每代都要按品系特点进行选择。最优秀的公羊应尽量扩大利用率,质量较差的少配。亲缘交配在品系形成过程中是不可缺少的,一般只做几代近交,以后即转而采用远交,直到羊群特点突出,且遗传性稳定后,才算育成了品系。

（三）品系间杂交

结合两个品系特点的品系间杂交，一般容易达到目的。如毛密和毛长的品系杂交，就会出现一部分毛密而长的后代，这不但可以再用选种选配的方法建立新品系，而且整个品种也可以不断提高。

二、血液更新

在养羊业中，血液更新是指把具有一致遗传性和生产性能，但来源不相接近的同品种羊引入一个另外的羊群。由于参与交配的公、母羊同属一个品种，故仍为纯种繁育。

在养羊业中，遇有下列情况可考虑采用血液更新：一是在一个羊群或羊场中，由于羊群数量较少，长期封闭育种条件下使群中个体都和某只公羊存在亲缘关系而发生近交不良影响时；二是某一品种被引入新环境后，由于风土驯化能力较差，表现退化现象，生产性能和羊毛品质降低时；三是羊群质量达到一定水平，改良呈现停滞状态再难提高时。遇到上述情况，则有必要向本群引入生产性能更高和育种品质更好的同品种优良公羊。

血液更新用于高产品种的育种群，被引入的种羊在体质、种质、生产性能和其他方面都应该是没有缺点的。

三、地方良种选育

我国各地区有不少优良的地方绵羊品种，它们是在当地自然和经济条件下，经过长期自然选择和人工选择而形成的。它们的产品方向和生产性能基本上能满足国民经济的需要，不需要作重大的方向性改变；另一方面又无法用杂交方式继续提高其品质,可用本品种选育的办法来进行改良。例如,我国的滩羊及其他地方良种,和经过高度培育的其他细毛羊等品种是不一样的;它们以往缺少系统的选育工作,个体间差异较大,还有很大的生产潜力可以发掘。

搞好本品种选育,要克服只重视杂交和轻视地方良种选育的思想,在中心产区成立种羊场、辅导站,进行选育工作的技术指导,传授绵羊选育和鉴定技术,推动地方良种选育工作。

(一)湖羊的选育

湖羊是著名的白色羔皮羊,具有生长快、成熟早、繁殖力强等优良特性,其所产羔皮花案奇特,色白光润,板质轻柔,是我国传统出口商品,在国际市场上享有盛誉。但由于缺乏系统选育,产区生态条件的改变和外来品种的混杂,使羔皮品质下降,直接影响外贸出口和养羊收益。在湖羊选育协作组的指导下,广泛开展了群众性的湖羊选育工作,并采取了下述 6 项技术措施:①选优去劣,组建基础群;②积极开展种公羊的后裔测验;③做好母羊的等级选配;④抓好初生羔羊的鉴定和选留;⑤加强种羔培养;⑥合理安排产羔季节。经过 3 年选育,取得了一定的进展。选育群中等级羊目前已占 82.67%,其中甲、乙、丙级分别占 20.37%,49.27% 和 13.03%,甲级皮比例提高了 0.7~3 倍。

结合湖羊的选育工作,开展了"湖羊羔皮主要性状的分析"、"湖羊胎儿生长发育规律"和"湖羊饲养标准和能量代谢"等具有重要意义的科学研究,它无疑能推动湖羊的选育工作。

湖羊选育过程中,在改善饲料供应的同时,应着眼于提高甲级羊的比例,用性状优良的种公羊做适度亲缘交配,进而建立品系,根据多胎高产和羔皮品质等进行定向选种,缩短世代间隔,以加速选育工作的进展。

（二）滩羊的选育

滩羊发展方向是裘皮（二毛皮）用羊。一方面它具有优良的裘皮品质，没有适当的品种通过杂交来改良它；但另一方面个体间差异大，裘皮品质也很不一致。这样的品种可用本品种选育的方法来提高其品质，主要是增加高等级裘皮的比例，提高其产羔率，在不妨碍裘皮品质的前提下，改善肉用性能。

若用本品种选育来改良滩羊，有必要开展外界环境条件对裘皮质量影响规律、优良裘皮滩羊个体成年后的表现等多方面的研究，制订出有充分根据的选种、选配、羔羊培育、成年羊合理的饲养管理制度，有目的、有步骤地进行系统的选育工作。

20世纪50年代曾召开过4省、自治区滩羊选育协作会议，讨论并确定了进一步开展滩羊选育和科学试验的协作计划和研究课题，1980年发布了统一的品种鉴定标准。宁夏贺兰等县开展选育工作最早。初期挑选成年羊中被毛有髓毛较细长、体质结实、背腰平直、尾长过飞节、母羊善游走、采食能力强、泌乳性能好、体躯无色斑的羊组成选育群；后根据对初生羔羊、二毛羔羊及岁半羊所进行的鉴定，用逐一选择、限值淘汰的办法选留毛股弯曲数较多、花案清晰、体躯无色斑的羔羊编号登记。所选留的种羊在配种产羔后，再进行一次评定，凡后裔品质不好、泌乳性能差的羊一律淘汰。配种前根据系谱制定选配计划，选配原则是优良花穗母羊和优良花穗公羊配种，以生产最好的后代；不良花穗和毛质差的母羊也尽量用优良花穗公羊配种，以改善后代品质。为了培育出品质好的羔羊，着重抓好配种前后的放牧；母羊在怀孕后期适当补饲，分娩后加强补饲，提高其泌乳量，保证羔羊的正常生长和发育；羔羊断奶后分群管理和放牧，越冬期给羔羊补饲优质干草和适量精料。

宁夏暖泉农场应用上述方法进行选育的结果,1979 年初生羔肩部毛股弯曲数和自然长度比 1962 年增加 1.44 个和 0.47 厘米,一级羔羊率提高 46.93%;二毛羔羊肩部毛股弯曲数增加 1.46 个,二级羔羊率提高 37.96%。串字花羔羊在 1962 年仅占鉴定总数的 31.42%,1979 年已占 91.44%。宁夏中宁、盐池等县也取得相似的效果。

甘肃为滩羊重要产区之一,20 世纪 80 年代初由甘肃农业大学、甘肃省畜牧兽医研究所及产区市、县基层业务部门等 14 个单位参加"滩羊生态及选育方法的研究"和"滩羊本品种选育"的协作,制订了选育实施方案。5 年来收到了明显的技术经济效果。初生、二毛和岁半羊的毛股弯曲数,由 1981 年的 3.94 个和 4.09 个提高到 1985 年的 4.61 个和 4.73 个;等级内比例,由 56.55%,52.38%和 59.67%提高到 79.24%,79.31%和 81.11%;理想型羊数由 1.64%,4.21%和 2.85%提高到 16.51%,18.39%和 18.33%。甘肃景泰地区除进行本地滩羊的选育外,还做了"引进宁夏公滩羊提高景泰滩羊二毛裘皮品质"的研究,结果在羔羊的高等级比率、毛股自然长度和弯曲数、花案清晰度、花穗类型和优良花穗分布面积等方面,都得到了明显的改进。

(三)小尾寒羊的选育

小尾寒羊是我国优秀的绵羊品种。具有生长发育快、成熟早、常年发情、多胎多产繁殖力强、产肉性能好等特性,特别是其高繁殖力性能在我国绵羊品种中首屈一指,完全可以和世界著名的芬兰兰德瑞斯、俄罗斯罗曼诺夫等品种媲美。它是我国今后肉羊业发展的极有价值的杂交用基础品种,将为我国羊肉生产做出突出贡献。

20 世纪 60 年代初期,小尾寒羊产区掀起的杂交改良热潮,致使大部分小尾寒羊变成细毛改良羊。在小尾寒羊濒临灭种的关键时刻,1963 年山东菏泽地区畜牧兽医站和梁山、郓城、巨野等三县相关单位一起开展了小尾寒羊本品种选育提高的研究课题。经过 25 年的辛勤工作,到 1988 年产区小尾寒羊的数量由开始时的 3 万只发展到 30 万只,而且羊的体质、体重、体尺、剪毛量以及外形结构等均有很大提高,特别是母羊产羔性能尤为突出,选育群母羊产羔率达到 280%,这在世界绵羊品种中亦属罕见。小尾寒羊的选育提高,不仅为产区广大农民增加了收入,而且为全国 19 个省、市、自治区推广种羊 15 万余只,发挥出极为显著的经济效益和社会效益。总结其采取的选育技术和措施主要有以下几方面,而且这些选育技术和措施至今在小尾寒羊的选育提高中仍在发挥作用。

1. 建立健全配种网

(1)配备种公羊,建立健全配种网　农区养羊的特点是羊群小、分散,大多数养羊户不养种公羊,种公羊由专业配种户饲养。为确保种公羊质量,采取由选育课题组统一配备种公羊的办法,给专业配种户以适当扶植,并签定合同,确保完成配种任务。在保种区的县,做到乡有配种站,每站配备 5~10 只种公羊,每乡有数个片;片有配种点,每片种公羊数则以其承担配种母羊数而定。建立健全配种网,这是选育工作的基础。

(2)搞好种公羊鉴定,选好用好种公羊　选育区每年对种公羊进行一次鉴定,建立档案,颁发种用合格证,坚决淘汰劣质不合格公羊,这是确保选育区羊只质量不断提高的重要保证。

(3)通过赛羊会,把技术传授给群众　每次赛羊会的比赛标准都有侧重,都是根据选育目标和方案提出新的内容,让群众认识到什么样的羊好。举办一次赛羊会传授一项关键技术，解决一个重要问题。如 1981 年梁山县首届赛羊会，主要以毛色纯白、体格大、羊毛质量好为标准；1983 年郓城赛羊会则主要以体格大为主，毛色纯白及毛质次之；1984 年菏泽地区在梁山召开的赛羊会，提出对种公羊进行综合评定，而母羊则以一胎产羔数为主要指标。总之，赛羊会是激励农牧民养好羊的一种很好形式。通过赛羊会可以引导农民进一步认识选留种羊的方向和目标，自觉地参加到群选群育中来，从而全面推动选育工作的进展。

2. 建立良种基地　自 1979 年来，每个基地县内，建立若干个基地乡、基地村以及更多的良种繁育户，配备专业技术人员，负责良种繁育。在初开始数年，要求好的种公羊不出县，好母羊不出乡或不出村。几年后基地得到扩大，羊群质量得以提高。与此同时，以良种繁育户为阵地，以体格大、产羔多、毛质好等三个经济性状为主攻目标，广泛采用同质选配的办法，使得良种基地羊群的这三个性状指标明显提高。

3. 加强饲养管理　饲养管理是绵羊改良和育种的基础。加强饲养管理是巩固和提高选育成果的一项重要技术措施，特别对两年三胎或一年两胎的小尾寒羊来讲尤为重要。因为产羔多、生长发育快，就需要高营养做保证，否则这些品种特性就难充分发挥。在 20 多年的选育期里，为加强饲养管理，主要抓好以下几项工作。

(1)普及科学养羊知识　为普及科学养羊技术知识，多次举办养羊技术培训班，印发饲养管理小册子，并通过有线广播、召集有关会议等形式宣讲科学养羊基础知识，从而大大提高了选育区内养羊户科学养羊的水平。

(2)推广舍饲与小群放牧相结合的经验　在倡导以舍饲

为主的前提下,凡有放牧条件的,尽可能组织短时间、短距离小群放牧,这既有利于羊只健康,又可降低养羊成本。

(3)开发利用农作物秸秆饲料 为充分发挥农区养羊的饲料潜力,利用好农作物秸秆资源是一个重要方面。为此,选育区大力推广农作物秸秆的青贮、粉碎、氨化以及棉籽饼脱酚等饲料加工技术。

(4)繁殖关键期按配方定额饲喂 在种公羊配种期,母羊怀孕后期 2 个月,羔羊哺乳期等关键时期,为加强饲养提高营养水平,选育区不少地方的养羊户,都能做到按照地区选育辅导站拟订的饲养定额和日粮配方进行饲养。

(5)加强防疫保健工作 搞好圈舍卫生,保持羊圈舍内干燥清洁,每两周地面及饲槽消毒 1 次。羊只每年都要进行防疫接种。

4. 结合生产,进行科学研究 为了确定小尾寒羊的选育方向和选育方法,1980 年对选育区 4 个县的小尾寒羊进行了全面调查研究。调查结果认为,小尾寒羊的选育方向是肉裘兼用型,应采用本品种选育方法来实现这一目标。与此同时,制订出小尾寒羊鉴定标准和选育规划。在科学研究方面,进行了小尾寒羊"肥育试验"、"羔羊生长发育和最佳屠宰期试验"、"肉用性能测定"、"羊皮制裘制革性能研究"等,所得结果,为小尾寒羊开发利用提供了依据,对小尾寒羊的发展和推广起了积极的推动作用。

5. 建立稳定的专业技术组,坚持长抓不懈 从 1963 年开始,菏泽地区成立了小尾寒羊选育辅导站,配备专业技术人员数名。各县畜牧部门也相应配备专业技术人员 1~2 名,负责本县的选育工作。各乡畜牧兽医站也有专人分管这项工作。从上到下形成一个小尾寒羊选育工作网,有力地推动 3 项工作的顺利开展。选育区各县经常为各基地乡、村培训技术人员，特别是梁山、郓城都建立了育种组织，如"小尾寒羊推广组"、"技术指导组"、"养羊协会"、"斗羊协会"等，为小尾寒羊的选育推广做了大量工作。

6. 依靠领导，搞好协作　小尾寒羊的选育提高工作，在农区开展是一个量大面广的技术工作，必须坚持生产与科研相结合，技术措施与行政措施相结合，领导、技术人员和群众相结合，充分调动各方面的力量搞协作。这是小尾寒羊选育提高取得显著成果的一条根本经验。各级政府和业务部门，在选育提高的关键环节或关键时期，下达文件确保选育提高技术工作的顺利实施。与此同时，在经济上也给予必要的支持。从而大大地调动了专业技术人员和产区群众的积极性，这也是小尾寒羊选育提高工作得以顺利进展的基本保证。

第四节　绵羊的杂交改良

在养羊业实践中，为了改进原有品种的品质，或培育新品种，常采用杂交繁殖的方法。杂交之所以被广泛应用，就因为它是改善绵羊品质和提高绵羊生产性能的有效措施，可使我国为数众多的粗毛羊获得根本的改造，显著提高我国养羊业的经济效益。

一、各种杂交方法的应用

杂交方法很多，其应用情况也比较复杂，现仅将养羊业中较常见和应用较广的几种方法扼要介绍于后。

（一）级进杂交

也称吸收杂交或改造杂交，它实际上就是一再用改良用品种,最初与地方品种羊,随后与各代杂交种羊重复杂交。各种杂种通常以含改良用品种羊血液成分来表示,如一代用1/2,二代用3/4表示等。

级进杂交的目的,是为了根本改变低产品种的生产性能和产品方向,例如将粗毛羊改变为细毛羊、半细毛羊或其他方向的羊。

级进杂交一定要选择产品方向完全符合要求,而生产性能又比较高的品种作为改良用品种。级进杂交的后代并非全和改良用品种一样,而是既具有改良品种的优良品质和高生产性能,又具有被改良品种的良好适应性。

级进杂交所生的一代杂种,即便处在与原品种类似的饲养水平下,仍能表现出较好的改良效果。如新疆细毛羊与粗毛羊杂交时,其一代杂种,即使仍和粗毛羊饲养水平相似,其产毛量也比粗毛羊提高1~2倍,体重也有相应的提高,而适应性并不显著下降,这主要是因为有杂交优势的存在。但随着杂交代数的增加,其要求的饲养管理条件也相应提高,这时杂交改良的效果与饲养管理条件关系极为密切。饲养管理条件好时,杂交代数越高,则杂种生产性能亦越高;反之,代数过高,生产性能和品质反而下降。

级进杂交目前在我国可以广泛应用,如果饲养条件继续获得改善,到五代后杂种生产性能基本上与改良用品种相类似。符合改良用品种生产性能的羊,可采取归属办法,经鉴定合格者归属于改良用品种,并进行自群繁育。

(二)导入杂交

当一个品种已基本上能满足育种的需要,而又在某一方面还有比较严重的缺点时,可以用生产方向一致并能改良此品种的另一品种进行杂交,叫做导入杂交。其目的只限于改良原品种某方面的缺点,而尽量保留其主要品质。改良用品种只与部分原品种母羊杂交 1 次,再进行 1～2 次回交,以获得含外血 1/4～1/8 的后代,用以进行自群繁育。

导入杂交在养羊业中应用颇广,其成败在很大程度上决定于改良用品种的选择、杂交中的选配及幼畜培育条件等方面。

国内外有很多应用导入杂交的事例。如为了改进东北细毛羊毛长不足、毛密不大等缺点,曾用斯塔夫罗波尔公羊与部分东北细毛羊母羊杂交,一代杂种毛长、毛密和腹毛均有改善,且产毛量亦有提高。遂选出 2 只一代杂种与东北细毛羊母羊做回交,以后又从回交后代中选择优良公羊与同代母羊自交,得到了满意的结果。

在做导入杂交时,选择品种和个体很重要。要选择特别好的和经过后裔测验的种公羊,要为杂种羊创造一定的饲养管理条件,并进行细致的选配。此外,还得加强原品种的选育工作,以保证供应好的回交种畜。

(三)育成杂交

育成杂交的主要目的是通过杂交培育新品种。参与杂交的绵羊品种,可以是两个,也可以是两个以上。通过育成杂交培育新品种,是发展养羊业、提高绵羊生产性能的重要方法。

我国原有地方品种羊多属粗毛羊,如何充分利用现有细毛羊、半细毛羊等纯种开展育成杂交,培育适应当地条件的绵羊新品种,是改变我国养羊业面貌的重要途径。

育成杂交的形式尽管多种多样,但其过程大致可分为以下三个基本阶段。

1. 杂交阶段 这一阶段的主要任务,是较大规模地开展杂交,可以从开始就有目的地培育新品种,也可以在生产性杂交的基础上再转而进行育成杂交。不管哪种情况，只要已开始有意识的育种工作，就应制订育种计划。特别是开始杂交时就以培育新品种为目标的，应根据国民经济的要求、原品种特点和当地条件，规定育种方向和选择改良用品种与个体，从所获得的一代杂种开始，进行培育和选择。

在杂交的第一阶段，主要是动摇原品种的遗传性并创造新变异，故不应使用亲缘交配。

2. 自群繁育阶段 这一阶段的主要任务是，通过自群繁育固定理想类型。经过第一阶段长期杂交和杂种定向培育与选择后，有部分杂种羊已符合理想型的要求，这些羊之间可以采用一定程度的亲缘交配或同质选配，来固定其优良特性。对那些非理想型的个体，则需视具体情况分别处理。如对那些有一定育种价值但存在某些缺点的个体，可用理想型杂种公羊配种；对那些虽经杂交但改进不大的个体，可用改良品种继续杂交；对那些存在严重缺点的个体，则应淘汰出育种群。

杂交和自群繁育是交错进行的，二者并没有时间上的确切界限。自群繁育开始，并不意味着就是杂交阶段的完全结束。

3. 形成品种和继续提高阶段 这一阶段的主要任务是，建立品种整体结构，增加羊的数量，提高羊的品质和扩大品种分布区。杂种经自群繁育后，已形成独特类型并有相当稳定的遗传性，只是在数量和结构上还不符合品种标准。在此阶段可以进行品系繁育并开展品系间的杂交，以建立新品系并提高整个品种水平。

在增加数量和提高品质的同时，可逐步推广品种，使其获得广泛的适应性。

世界上为数众多的育成品种，多半是通过育成杂交培育出来的。我国也应用此法培育出了若干新品种和新品种群。

二、以细毛羊为方向的杂交改良

我国以细毛羊为方向的杂交改良和培育细毛羊新品种所使用的母本,主要是蒙古羊、西藏羊和哈萨克羊。在育成杂交中使用的父本,主要有新疆细毛羊、高加索细毛羊、苏联美利奴羊等。在培育新品种的过程中,也有用斯塔夫罗波尔、阿尔泰、萨尔、澳洲美利奴和波尔华斯等品种进行引入杂交的。中国美利奴羊将是今后广泛使用的改良用品种。

培育细毛羊所使用的方法多为育成杂交。一般先用细毛羊品种杂交 3～4 代,等出现理想型公、母羊后再横交固定,经长期选育而形成新品种。在育种过程中,为改进某项缺点,也经常采用引入杂交。在新疆维吾尔自治区,也有用级进杂交方式,以新疆细毛羊杂交粗毛羊,最后通过鉴定,将杂种羊归属于新疆细毛羊的。

以细毛羊为方向的杂交改良和培育细毛羊新品种,除要求杂种羊符合细毛羊羊毛的细度和长度外,首先要求解决毛色和羊毛同质性问题。这些性状改良的效果和速度,与改良用品种与个体的选择、粗毛母羊个体的选择、杂交代数、杂种羊的选择和淘汰以及饲养管理条件都有关系。

同质毛改良速度虽受很多因素影响,但以母本被毛情况影响最大。一般来说,母本被毛粗细较匀的改良快,匀度差的改良慢。如青海西藏羊羊毛纤维类型中无髓毛、两型毛、有髓毛的重量百分比分别为 46.9%,41.6% 和 11.5%,用新疆细毛羊改良时,一代杂种羊的无髓毛即达 98.04%。蒙古羊羊毛上述纤维类型的比例分别为 48.59%,2.18% 和 49.23%,用前苏联美利奴羊杂交后,其一代杂种羊无髓毛已占 91.17%。此外,级进代数影响也很大,用新疆细毛羊杂交改良哈萨克粗毛羊时，一代杂种中，同质毛个体仅为 36.37%，二代已达 68.26%，三代则高达 83.33%。

母本对后代毛色的改良速度影响也很大。用新疆细毛羊同纯白毛色的蒙古羊杂交时，一代杂种中纯白毛色者占 81.75%。同头肢杂色、体杂色以及全黑全褐蒙古羊杂交后，一代纯白毛色者分别为 40.15%，22.45% 和 20.83%。

根据对同质毛和毛色改良速度影响因素的分析，在挑选母本个体时应选择纯白色和被毛较均匀的个体。如果这一点无法做到，应尽量选择毛色和同质性遗传稳定的品种或个体供作杂交改良之用。此外，须严格进行杂种羊的选择和淘汰，并为杂种羊创造较好的饲养管理条件。

用细毛羊杂交改良粗毛羊时，在杂种羊达到同质毛和纯白毛色后，一般羊毛细度和长度也都能达到细毛羊的要求。

我国从 20 世纪 50 年代以来，已用育成杂交的方法培育出新疆细毛羊、东北细毛羊、内蒙古细毛羊、甘肃高山细毛羊、敖汉细毛羊、鄂尔多斯细毛羊、青海细毛羊、新疆军垦细毛羊等新品种，近期又育成了中国美利奴羊。

三、以半细毛羊为方向的杂交改良

我国以半细毛羊为方向的杂交改良起步较晚，自 1973 年第一次全国半细毛羊会议后才大规模开展。

以粗毛羊或细毛杂种羊为母本的杂交改良，主要使用了三个类型的半细毛羊公羊品种：一是茨盖羊，被毛同质性较差，但适应能力强，适合于气候和草原植被较差的地区，在我国西北、内蒙古、四川、西藏某些海拔较高和气候寒冷的地区改良效果较好；二是英国长毛种的罗姆尼羊、边区莱斯特羊、林肯羊等品种，原产于饲料条件和气候较好的地区，被毛品质好,适合在饲料条件和气候较好地区的杂交改良,用以培养羊毛细度为 48～50 支的半细毛羊;三是考力代羊,饲养条件要求高,在某些饲料和气候较好的地区可用于杂交改良粗毛羊或细毛杂种羊,以培育被毛细度为 56～58 支的半细毛羊。

我国以半细毛羊为方向的杂交改良有自己的特点,就是绝大部分母本是细毛杂种羊,今后虽然不排除用粗毛羊做母本的可能性,但无疑细毛杂种羊将是主要母本来源。我们的意见:高档半细毛(56～58 支)羊,可用同质细毛杂种羊做母本,用早熟肉用公羊作父本,以育成杂交来培育;低档半细毛(48～50 支)羊,可用不同质细毛杂种羊做母本,通过与早熟肉用公羊的育成杂交方法来培育。因为细毛杂种羊一旦达到同质,被毛已属细毛,即便与早熟肉用公羊杂交,也很难粗到 48～50 支的细度。当然用半细毛公羊直接杂交改良粗毛羊的办法,也未尝不可一试。这种改良办法,达到同质半细毛的速度可能慢些,而一旦同质,细度多半不成问题。

培育半细毛羊新品种,应该注意后代对当地的适应性,因为许多早熟肉用种都是在饲料和气候条件较好的地区培育出来的。它们的被毛品质和早熟性都较好,但杂种羊对条件的要求比较高。在条件较好的地区,用这类公羊做父本,其改良效果固然较好,但在条件较差的地区用它来杂交改良,效果往往较差。反之,在这类地区用茨盖公羊做父本的杂交,可能会收到较好的效果。因此,在发展半细毛羊的地区进行引种要考虑引入品种的适应性。在这方面全国很多地区已做过不少引种和杂交改良试验,其结果均可借鉴。

其他在改良过程中各个性状的重要程度和问题,与细毛羊育种的原理和方法都相类似,不再重复。

开展半细毛羊方向育种工作的结果,已培育出一批半细毛羊新品种和品种群,如东北半细毛羊、青海半细毛羊、安徽半细毛羊、内蒙古半细毛羊等。

四、羔皮羊的杂交改良

新疆库车羊的改良,主要用卡拉库尔种公羊做级进杂交,结果杂种羔皮品质提高很快。20世纪70年代初期,杂种羊已形成具有品质较好和遗传性较稳定的品种群。根据新疆农科院畜牧兽医研究所和库车种羊场1971年的鉴定,三等以上的羔皮已占77.75%;毛卷类型中卧蚕形毛卷约占78%。

新疆建设兵团150团羊场,从1961年开始用卡拉库尔种公羊杂交改良哈萨克和杂色细毛杂种羊,到1972年已有大量的四代和少量的五代杂种。杂种黑毛色比例逐渐增加,三代及以后全部为黑毛色。羔皮等级随杂交代数增加而提高,其中一级和二级羔皮的比例亦有所增加。三代和四代杂种羔,一级比例分别占15.84%和20.18%。

五、肉羊生产中经济杂交的应用

在肥羔生产中应用经济杂交,即利用杂种优势生产肉用羊是一种十分有效的繁育手段。经济杂交就是利用不同品种绵羊杂交,以获取第一代杂种羊为目的,因为第一代杂种羊具有生活力强、生长发育快、饲料报酬高、肉品质量好而且产出率高等优势。在同样饲养管理条件下,其经济效益远比纯种羊高,所以在商品羊生产中被广泛采用,尤其是在肉用养羊业方面。例如,用早熟肉用品种公羊同当地品种的母羊杂交,除可提高羔羊繁殖成活率、羔羊生长速度、体重等生产指标外,还可改善羔肉品质。

（一）肉用羊的特点

肉用型绵羊同毛用、毛皮用型绵羊相比较，它具有体大、皮薄、骨细，颈粗短、背腰宽而平直，四肢细短，前后肢站立开张良好，胸宽而深。侧看呈长方形等外貌特征。同时还具有早熟、幼龄期生长速度快、饲料转化效率高等特点，肌肉和脂肪发育较毛用、毛皮用羊要早。肉用羊一般 8～9 月龄时骨骼发育即完成，而毛用羊、毛皮用羊及其他粗毛羊要到 1.5～2 岁才发育完成。肉用羊大约在 5 月龄以后肌肉和骨骼增长的比例相对减少，而脂肪比例增加。所以羔羊肉中脂肪少而成年羊肉中脂肪多，这也是肥羔肉较成年羊肉品质好的主要原因。

根据肉用羊的生长特点，以及市场对羊肉品质的要求，应当充分利用其幼龄期生长速度快、肌肉增长比例相对较高的特点，科学地组织生产优质肥羔肉。不适当地将肉用羊的饲养年龄延长到 1.5 岁甚至更长，是很不经济的。

（二）杂种优势利用

在进行经济杂交时，并不是任何两个品种杂交都会得到满意的效果，也就是说，杂种优势并不总是存在的。所以，首先要进行杂交组合试验，找出最佳杂交组合方案后，再大面积大范围地推广应用。一般来说，品种间差异越大，所获得的杂种优势也越大。各种性状的杂种优势率一般为：增重效率为20%，产羔率约为 20%～30%，羔羊成活率约为 40%，产毛量约为 33%。

杂种优势的计算公式为：

$$杂种优势 = \frac{F_1 X 性状平均数 - 双亲 X 性状平均数}{双亲 X 性状平均数} \times 100\%$$

国外在进行肥羔生产时，除两品种经济杂交外，发现用三品种或四品种的交替轮回杂交效果更好。例如，每只配种母羊的断奶羔羊体重,两品种杂交的杂种优势比纯种高13%,三品种杂交的超过纯种38%,四品种杂交的超过纯种56%。所以,在商品性肥羔羊生产中,组织三品种或四品种的杂交经济效益更好。在组织经济杂交时,提倡用多品种杂交的杂种母羊留种繁殖,是提高杂种优势利用效益的重要手段之一。

生产实践中利用杂种优势的有效做法是:必须首先形成和保留大量的各自独立的种群(品种或品系),以便能够不间断地组织它们之间的经济杂交,这样才能不间断地获得具有杂种优势的供肥育的第一代杂种羊。世界上一些主要养羊国家在发展肉羊生产上采用较多的一种杂交组合模式是:

长毛种(公)　　×　　细毛种(母)
(边区莱斯特公羊)　↓　(美利奴母羊)

　　　　F$_1$(公)　F$_1$(母)　×　早熟肉用种(公)
　　　　(肥育肉用)　　　　↓　　(多塞特等)

　　　　　　　　　　F(公母全部肥育肉用)

显而易见,为确保这一杂交组合继续进行,就必须经常保持参与杂交的三个纯种羊群。

我国发展肥羔肉羊生产可采用下列杂交组合模式。

1. 两品种杂交

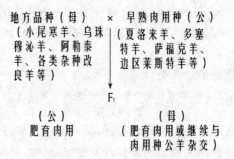

地方品种(母)　×　早熟肉用种(公)
(小尾寒羊、乌珠　　(夏洛来羊、多塞
穆沁羊、阿勒泰　　特羊、萨福克羊、
羊、各类杂种改　　边区莱斯特羊等)
良羊等)

　　　　　　　F$_1$

　　(公)　　　　　　(母)
　肥育肉用　　　(肥育肉用或继续与
　　　　　　　　肉用种公羊杂交)

2. 三品种杂交

地方品种（母）　　×　　长毛种半细毛羊（公）

（当地羊种资源）　　　　（边区莱斯特羊或罗姆尼羊等）

F₁（公）　F₁（母）　×　早熟肉用种（公）

（肥育肉用）

F（公母全部肥育肉用）

第五节　绵羊育种计划和记载

一、绵羊育种计划的内容

一个羊场或羊队，不论是在建场建队之初，还是在杂交改良的基础上进行育种工作，都应制定育种计划。这个计划根据国家养羊业发展区域规划，结合当地环境条件以及羊群实际情况来制定。育种计划并不是一成不变的，还需在执行过程中修改与完善。绵羊育种计划一般包括以下四个部分。

（一）基本情况

1. 所在地的自然条件和生产条件　地理位置、海拔、土壤、植被、温度、降水量、无霜期和作物种类等。

2. 羊群品质　品种、性别、年龄、等级组成、主要生产性能（活重，产毛量，羊毛细度、长度、密度、均匀度、油汗和腹毛，受胎率，成活率等）。

·3. 饲养管理情况　牧地面积、饲料生产状况、羊群饲养管理情况（放牧、补饲、生产环节安排）。

（二）育种方法

第一，育种的计划指标（理想型公母羊的体质，活重，产毛量，羊毛长度、细度、密度、油汗、弯曲、净毛率，繁殖率等）；

第二，计划引入的品种和公羊；

第三，采用的繁育方法；

第四，选种选配的方法；

第五，羔羊的培养方法；

第六，生产性能的测定；

第七，育种登记方法。

（三）保证完成计划的措施

第一，饲养管理的改善；

第二，饲料基地的扩大和增产；

第三，羊舍和设备的修建；

第四，兽医防治措施；

第五，劳动组织和提高生产率。

（四）养羊业的经济指标

根据育种计划，公、母羊应达到的各项经济指标，如体尺、活重、繁殖力、产毛量、羊毛品质、产肉量、屠宰率等。

二、育种记载

育种要搞好资料记载，目的是为绵羊育种提供可靠的依据。资料记载主要是特级和一级公母羊、进行后裔测验的公母羊及其后代。

（一）种羊卡片

是种羊场、队的主要记录，用以记录种公、母羊的系统资料（表 3-5，表 3-6）。

（二）绵羊配种及产羔登记表

此表按配种情况登记前几项，产羔羊和断乳时登记完，然后根据育种需要整理汇总（表 3-7）。

表 3-5　种公羊卡片

个体编号_____　　　　　出生日期_____
品　　种_____　　　　　出生地点_____

1. 生产性能及鉴定成绩

年　度	年　龄	鉴　定	产毛量 (千克)	活重 (千克)	等　级

2. 系　谱

母:个 体 号_____　　　　　父:个 体 号_____
　　品　　种_____　　　　　　品　　种_____
　　鉴定年龄_____　　　　　　鉴定年龄_____
　　羊毛长度_____　　　　　　羊毛长度_____
　　羊毛细度_____　　　　　　羊毛细度_____
　　羊毛油汗_____　　　　　　羊毛油汗_____
　　头肢盖毛_____　　　　　　头肢盖毛_____
　　体　　重_____　　　　　　体　　重_____
　　剪 毛 量_____　　　　　　剪 毛 量_____
　　等　　级_____　　　　　　等　　级_____

外祖母:　　　　外祖父:　　　　祖母:　　　　　祖父:
个体号____　　个体号____　　个体号____　　个体号____
体　重____　　体　重____　　体　重____　　体　重____
剪毛量____　　剪毛量____　　剪毛量____　　剪毛量____
等　级____　　等　级____　　等　级____　　等　级____

3. 历年配种情况及后裔品质

年份	与配母羊数	产羔母羊数	产羔数	后裔品质*(等级比例)					
				特级	一级	二级	三级	四级	等外

* 细毛羊、半细毛羊指后代周岁龄鉴定成绩,羔皮、裘皮羊指后裔在羔皮、裘皮期的鉴定成绩

表3-6　种母羊卡片

个体编号_____　　　　　　出生日期_____

品　　种_____　　　　　　出生地点_____

1. 生产性能及鉴定成绩

年　度	年　龄	鉴　　定	产毛量 （千克）	体　重 （千克）	等　级

2. 系　　谱

母：个 体 号_____	父：个 体 号_____
品　　种_____	品　　种_____
鉴定年龄_____	鉴定年龄_____
羊毛长度_____	羊毛长度_____
羊毛细度_____	羊毛细度_____
羊毛油汗_____	羊毛油汗_____
头肢盖毛_____	头肢盖毛_____
体　　重_____	体　　重_____
剪毛量_____	剪毛量_____
等　　级_____	等　　级_____

外祖母：	外祖父：	祖母：	祖父：
个体号_____	个体号_____	个体号_____	个体号_____
体　重_____	体　重_____	体　重_____	体　重_____
剪毛量_____	剪毛量_____	剪毛量_____	剪毛量_____
等　级_____	等　级_____	等　级_____	等　级_____

3. 历年配种产羔成绩

年度	与配公羊			配种日期	产羔情况				断乳鉴定及断乳重	周岁鉴定及生产性能	留种或淘汰
	羊号	品种	等级		产羔日期	羔羊号	性别	初生重			

表 3-7 ＿＿＿＿＿＿年绵羊配种及产羔登记

母羊编号	母羊产羔临时号	等级	预选与配公羊号	实际与配公羊号	配种日期	产羔日期	羔　　　　羊									备注
							单或双	性别	编号	初生重（克）	初生鉴定	死亡		存活羊数		
												羊号	日期	断乳日期	断乳鉴定	

（三）绵羊体重及剪毛量登记表

该表为现场剪毛称重的原始记录表。剪毛后将毛量和剪毛后体重记入表内，事后要及时统计并填写到有关种羊卡片或绵羊个体鉴定登记表中（表3-8）。

表 3-8 ＿＿＿＿＿＿年绵羊剪毛称重记录 （单位：千克）

序号	羊号	品种	等级	毛量	体重	序号	羊号	品种	等级	毛量	体重

（四）羔羊体重记录表

肉用和兼用品种羊，羔羊生长发育速度是一个重要性状（表3-9）。

表 3-9 羔羊生长发育记录 （单位：千克）

羔羊号	性别	单双羔	等级	初生体重	断乳体重	越冬前体重	周岁体重	剪毛后体重

（五）后裔测验的鉴定记录表

表中有各时期后裔鉴定记录，可以和母羊鉴定记录对比，得到母子对比的结果（表3-10）。

表 3-10　后裔测验的母子鉴定记录对照表　（单位：千克）

个体编号	父号	母号	性别	单双羔	初生重	满 4 个月时				周岁时				母亲鉴定成绩及生产性能				备注
						鉴定	等级	活重	备注	鉴定	产毛量	活重	等级	鉴定	产毛量	活重	等级	

（六）绵羊个体鉴定记录表

凡做个体鉴定的羊,均把鉴定结果记于此表内（表 3-11）。

表 3-11　绵羊个体鉴定记录表

群别　　　　年龄　　　性别　　　　羊数　（单位:千克）

序号	品种	耳号	鉴　　　　定	总评	毛量	活重	等级	备　注

（七）种公、母羊饲养记录表

为确保种公、母羊的种用品质,都需要在放牧基础上给羊以补充饲喂。为了检查补饲效果和掌握历年饲料消耗量,应建立补饲的饲料消耗记录（表 3-12）。

表 3-12　种公、母羊饲料消耗记录表　　　（单位:千克）

羊别	起止日期	羊数	精　　料				粗　　料				多汁料			矿物质饲料		
			玉米	豆类		总计	苜蓿干草	野干草		总计	青贮	萝卜	总计	钙	磷	总计

第四章 绵羊的繁殖和羔羊培育

第一节 绵羊的繁殖规律

搞好绵羊繁殖是迅速增加绵羊数量和养羊业产品的保证。因此,了解和掌握繁殖规律,正确使用繁殖技术,提高绵羊繁殖成活率,是发展养羊业的重要环节。

一、初次配种年龄

绵羊一般在 7 月龄左右性器官基本发育完全,并开始形成性细胞和性激素,这叫性成熟。性成熟后,就能够配种怀胎并生殖后代。但是性成熟并不意味着就是最适于开始配种的年龄,因为在性成熟时期,其身体并未充分发育。生产实践证明,幼畜过早配种,不仅严重阻碍其本身的生长发育,而且也严重地影响到后代体质和生产性能。但是,幼畜第一次配种年龄过迟,会在经济上受到不必要的损失。因此,配种必须适时,一般在 1.5 岁左右开始配种较为合适。

绵羊的确切初配年龄,应视羊生长发育情况而定。饲养管理条件和本身生长发育较好的,配种年龄可早些;饲养管理条件较差、生长发育不良的,配种时间可延迟。

二、发情、发情持续期和发情周期

绵羊性成熟以后,每届发情季节就能见到发情征象。母羊发情征象大多不很明显,一般发情母羊多喜接近公羊,在公羊追逐或爬跨时站立不动，食欲减退，阴唇黏膜红肿，阴户有粘性分泌物流出。处女羊发情更不明显，且多拒绝公羊爬跨，故须注意观察和做好试情工作，以便适时配种。母羊一次发情延续的时间称为发情持续期。绵羊发情持续期为 30 小时左右。绵羊在一个发情期内，若未经配种，或虽经配种而未怀孕时，则隔 14～21 天（平均 16 天）再次发情。由上一次发情开始到下一次发情开始的时间，称为发情周期。

了解绵羊发情征象及发情持续时间，目的在于正确安排配种时间，以提高母羊的受胎率。母羊排卵一般多在发情后期，成熟卵排出后在输卵管中存活的时间为 4～8 小时，公羊精子在母畜生殖道内授精作用最旺盛的时间，一般为 24 小时左右。为了使精子和卵子得到充分的结合机会，最好在排卵前数小时内配种。因此，比较适宜的配种时间应是发情中期。

在实际工作中，由于很难准确地掌握发情开始的时间，所以应在早晨试情后，挑出发情母羊，于当天上午、下午间隔 6 小时各配种一次，如第二天母羊还继续发情可再配一次。

三、妊 娠 期

绵羊从开始怀孕到分娩的期间称为妊娠期或怀孕期。绵羊的妊娠期一般为 5 个月左右，但随品种等因素而有不同。早熟的肉毛兼用品种多在饲料比较丰富的条件下育成，妊娠期较短，平均约 145 天。细毛羊多在草原地区繁育，饲养条件较差，妊娠期长，多在 150 天左右。

四、繁殖季节

绵羊属短日照繁殖家畜，当一年中日照开始由长变短时，羊群中的个体便逐渐出现发情，表示繁殖季节来临。绵羊为季节性多次发情动物,有固定的繁殖季节,大致是秋季的三个月和冬季的前两个月。显然,日照是绵羊每年出现性周期活动的主要影响因素。大气温度、羊营养体况、性刺激诱导等因素,也会对绵羊繁殖季节产生一定影响。同一品种的不同个体,同一绵羊在不同年份,繁殖季节的开始和结束时间并不一致,生长在寒冷地区的或原始品种的绵羊,呈现出季节性发情;而生长在温暖地区或经过人工高度培育的绵羊品种,如小尾寒羊、湖羊以及陶赛特等肉用品种羊,其发情则往往没有严格的季节性。我国北方地区,绵羊发情季节一般是 7 月至翌年 1 月间,而以 8～9 月间发情羊较多。

营养状况对繁殖季节也有一定影响,如羊群在牧草茂盛的草场上放牧,或加强补饲,羊只能获得充足营养,膘情良好,繁殖季节开始较早,并且发情整齐。如果草场缺乏,牧草生长不良,羊群繁殖季节就会推迟。

第二节 发情控制与胚胎移植

发情控制是指通过药物或激素或畜牧管理措施等手段,人为控制母畜发情并排卵的技术。其中主要包括诱导发情、同期发情、超数排卵三种常用技术。目前,在养羊业生产中已广泛应用。

胚胎移植则是充分利用良种母畜的繁殖潜力,加速实现良种化进程的又一重要途径。

一、诱导发情

为了提高母羊的繁殖效率,对非繁殖季节尚不发情的母羊,常常需要进行诱导发情处理,使母羊提早进入配种季节。

最有效的方法是用促性腺激素处理。通常是愈临近配种季节，处理的效果愈好。对配种季节母羊的诱导发情，可用"补饲催情"的方法，即加强母羊补饲营养，并辅以低剂量促性腺激素处理，效果较好。具体做法是在配种季节即将到来时，加强饲养管理，适当补饲精料。日喂精料量 0.25～0.4 千克，这样可使母羊群提早发情，并且发情整齐，还有提高产羔率的作用。与此同时，若将公羊放入母羊群中，则效果更佳。若为了诱导乏情母羊发情，就应从激活母羊卵巢功能入手，最经济的常用方法是用孕激素阴道海绵栓或孕激素埋植法进行处理。羊用海绵栓直径和厚度以 2～3 厘米为宜。孕激素剂量为：甲孕酮 40～60 毫克，18-甲基炔诺酮 30～40 毫克，氟孕酮 30～60 毫克，孕酮 150～300 毫克，甲地孕酮(MAP)40～50 毫克。用牛初乳 16～21 毫升肌内注射，也可诱导发情。

二、同期发情

同期发情技术就是诱导母羊在同一时期发情排卵的方法。在养羊业生产中的主要意义是便于组织生产和管理，提高羊群的繁殖率。比如，在进行人工授精和胚胎移植时，应用同期发情技术，操作起来就比较方便，而且可以提高优秀种公羊的利用率和胚胎移植的成功率。如果使用冷冻精液配种和使用新鲜胚胎进行移植，则推广应用同期发情技术的效果会更好。在自然交配条件下，当公羊数量不足以承受同一时期较多发情母羊的配种量时，就不必进行同期发情处理；使用新鲜精液进行人工授精或者用冷冻胚胎进行移植的情况下，也不必进行同期发情处理。

同期发情的基本原理就是通过人工控制手段延长或缩短黄体期，控制母羊卵巢中卵泡的发生和黄体的形成，来调节母羊发情周期,达到同期发情并排卵。延长黄体期最常用的方法是孕激素处理。孕激素种类很多,常用的孕激素有孕酮、甲地孕酮、甲孕酮、氟孕酮、18-甲基炔诺酮等,其作用是通过抑制卵泡发育而延长黄体期。常用的处理方法有皮下注射、阴道海绵栓、口服和肌内注射等。缩短黄体期的方法有注射前列腺素、注射促性腺激素、注射促性腺激素释放激素等。总之,所有能诱导母羊发情排卵的方法都可用于诱导同期发情。

三、超数排卵

超数排卵简称超排。是提高母羊繁殖力的主要技术手段之一,它和胚胎移植技术结合起来,已成为日趋成熟的胚胎工程技术。在养羊业生产实践中应用这项技术,可使一只优秀种母羊在一个繁殖季节里,产生出比自然繁殖条件下多许多倍的后代。因此,该项技术能够充分发挥优秀种母羊的繁殖潜力,对迅速扩大良种羊群,加快养羊业良种化,有着极其重要的作用。

诱导母羊超数排卵的处理方法有以下两种。

其一,促卵泡素(FSH)减量处理法。母羊(供体羊)在发情后的第十二至第十三天开始肌内注射 FSH,由于其在体内存留时间短,要早晚各注射一次,间隔 12 小时,分三天减量注射。使用国产 FSH 即可,总剂量 200～300 单位。母羊一般在注射后的第四天发情。发情后当即再注射促黄体素(LH)75～100 单位,即可提高排卵效果。

其二,孕马血清促性腺激素(PMSG)处理法。PMSG 采用肌内注射。由于其在羊体内存留时间较长,一般发情周期的第十二天至第十三天,一次肌内注射 1 500～2 500 单位,发情后第十八至第二十四小时肌内注射等量的抗 PMSG 以中和体内残留的 PMSG，即可提高排卵效果。

采用上述方法时，在激素注射完毕后，应于每天早晚用试情公羊进行试情。发现发情母羊，要于每日上、下午各配种一次，直至发情结束。在母羊发情配种后 3～7 天内用手术法，分别从输卵管或子宫收集早期胚胎（即受精卵），经检查后，对发育正常的胚胎若不及时移植，则需低温保存。

四、胚胎移植

胚胎移植就是将良种母羊（供体羊）的早期胚胎（即受精卵）取出来移植到生理状态相同（同期发情者）的另一只母羊（受体羊）的输卵管或子宫内，即"借腹怀胎"，以产生出供体羊的后代。这项技术我国于 20 世纪 70 年代后期开始在绵羊上应用并获成功。目前胚胎移植技术已成为现代生物技术和育种工程的基础环节。胚胎移植在养羊生产中的意义主要有以下几个方面。

第一，能充分发挥优秀母羊的繁殖潜力，即可以将供体母羊的优良性状更快、更多地遗传给后代。因为供体母羊只生产具有良种遗传素质的胚胎，而妊娠过程则由价值较低的受体母羊承担，这样就大大地缩短了优秀良种供体母羊的繁殖周期。

第二，胚胎移植可加速品种改良，更快地扩大良种畜群。胚胎移植时，应用超数排卵技术，一次可以从供体母羊体内获取多枚胚胎，一个情期可产生比自然繁殖条件下更多的后代。据国内报道，1 只供体母羊一次超排配种后，经胚胎移植可获得 10 只以上的羔羊，比自然繁殖提高 5～10 倍。胚胎移植突出地体现了良种母羊在品种改良和育种中的作用。

第三，使用胚胎移植技术可提高肉羊的双胎率。在肉羊生产上,可采用一种由胚胎移植演化出来的所谓"诱发双胎"的方法,即向配种几天后的母羊再移植一枚胚胎,可望获得双胎。

第四,胚胎移植可代替活畜交流。胚胎的体外保存和超低温冷冻技术的应用,可以使胚胎移植不受地域和时间限制,进行地域间或国际间的交流,从而大大节约了引进种畜的费用。胚胎收集后经特殊处理,完全不携带病原微生物。因此,胚胎交流完全可以免除活畜交流时的检疫程序。

第五,胚胎的冷冻保存可延续某些特有品种的存在时间,而且保存费用也比保存动物个体低。冷冻胚胎和冷冻精液共同构成优良品种和物种的基因库。

另外,为防疫和控制某种疾病,以及为克服不孕,应用胚胎移植技术也是十分有效的手段。

胚胎移植需要有一定理论知识和操作技术水平的专业技术人员进行操作,同时还必须配备必要的手术场所、器材设备、药物及体外保存培养的环境条件。

第三节 绵羊的配种

一、配种时间的确定

绵羊的配种时间,可根据各地区、各羊场每年产羔的次数和时间来决定。一般年产一胎的情况下,有冬季产羔和春季产羔两种。冬羔的产羔时间在 1～2 月间,需要在 8～9 月份配种;春羔的产羔时间在 4～5 月间,需要在 11～12 月份配种。

不同产羔时间有不同的优缺点,究竟什么时候产羔好,这要根据各地的自然条件和饲养管理条件,因地制宜地确定。

（一）产冬羔的好处和条件

利用当年羔羊生长快、饲料效益高的特点进行肥羔生产，可当年出售，加快羊群周转，提高商品率，从而可以减轻草原压力和保护草原。产冬羔还有以下好处。

第一，母羊配种期一般在 8～9 月份，是青草茂盛季节，母羊膘情好，发情旺盛，受胎率高。

第二，怀孕期母羊营养好，有利于羔羊的生长发育，产的羔体大、结实，容易养活。

第三，母羊产羔期膘情还未显著下降，产羔后母羊奶足，羔羊生长快、发育好。

第四，冬季产的羔，到青草长出后已有 4～5 个月龄，能跟群放牧，当年过冬时个子大，能抵御风寒，保育率高。

产冬羔应具备以下条件。

第一，冬季产羔，在哺乳后期正值枯草季节，必须有良好的冬季牧场或充足的饲草、饲料准备，否则母羊容易缺奶，影响羔羊生长发育。

第二，冬季产羔气候寒冷，需要保温的产羔圈，否则羔羊保育有困难。

（二）产春羔的好处和缺点

产春羔的好处有以下几点。

第一，春季产羔气候已转暖，母羊产羔后，很快就可以吃到青草，母羊奶足，羔羊此期发育好。

第二，羔羊出生后不久，也可吃到青草，有利于羔羊发育。

第三，春季气候比较暖和，产羔不需要很好的保暖产圈。

产春羔的缺点有以下几点。

第一，春季气候多变，常有风霜，甚至下雪，母羊及羔羊容易得病，绵羊发病率较高。

第二,牧草长出后,羔羊年龄尚小,不易跟群放牧。

第三,春产羔羊,特别是晚春羔,当年过冬死亡较多。

从上述优缺点中可以看出,在气候寒冷或饲养管理条件较差的地区适宜产春羔。一般早春羔比晚春羔要好。在条件较好的地区,可以产冬羔。

二、配种方法

绵羊的配种方法可分为自然交配和人工授精两种。

(一)自然交配

自然交配包括自由交配和人工辅助交配两种。

1. 自由交配　将公羊放在母羊群中,让其自行与发情母羊交配。这是一种原始的配种方法,由于完全不加控制,存在不少缺点,主要是:其一,1只公羊只能配母羊30只左右,不能充分发挥优良种公羊的作用;其二,由于公、母羊混群放牧,消耗公羊体力,影响母羊抓膘;其三,不能记载母羊怀孕的确切日期,较难掌握产羔具体时间;其四,羔羊系谱混乱,不能进行选配工作。由于以上问题,所以多不采用自由交配,只是在粗放的粗毛羊养羊业中或人工授精配种季扫尾时不得已而采用。

2. 人工辅助交配　这种方法要求人工帮助配种。公、母羊全年都是分群放牧的,在配种期内,先用试情公羊挑选出发情母羊,再与指定公羊交配,其优点是能进行选配。交配由人工控制,能知道交配日期与种公羊羊号,可以预测产羔日期。在配种期内每只公羊可配母羊的只数能增加到60～70只。因此,在羊群不大,种公羊比较充足的羊场,可以采用此种方法。

(二)人工授精

人工授精是用器械采集公畜精液,再将精液输入发情母畜的子宫颈内，使母畜受孕的方法。这是一种科学的配种方法，有很多优点。因此，早已在我国大型羊场及群众性绵羊杂交改良工作中广泛应用。为确保高受胎率，进行人工授精的人员，必须经过专门训练，熟练掌握操作技术。

人工授精是近代畜牧科学技术的重大成就之一，与自然交配相比，它有下列优点。

第一，扩大优良公羊的利用率。自然交配时，公羊一次射精只能配 1 只母羊，而人工授精时，公羊一次射精量再通过必要的稀释，通常可供几只或几十只母羊的授精之用。因此，应用人工授精方法，大大地提高了公羊的配种数量，也就充分发挥了优良公羊的作用，从而加快了羊群质量改良和提高的速度。

第二，提高母羊受胎率。采用人工授精方法，将精液完全输入到母羊的子宫颈或子宫颈口，增加了精子与卵子结合的机会，同时也防止了母羊因阴道疾病及子宫颈位置不正所引起的不育；再者，由于精液品质经过检查，避免了因精液品质不良而造成的空怀。因此，采用人工授精配种，可以提高母羊受胎率。

第三，可以节省购买和饲养种公羊的费用。例如，有 1 200 只适龄母羊，如果采用自然交配方法，至少需要 30～40 只公羊；而采用人工授精方法，只需要 4 只左右公羊就行了。由于现代科学技术的发展，公羊的精液可以长期保存和实行远距离运输，可进一步的充分发挥优秀公羊的作用。

第四，可以减少疾病传染。在自然交配过程中，由于公、母羊身体及生殖器官的接触，就有可能将某些传染性疾病和生殖器官疾病传播开来。采用人工授精方法，公、母羊不直接接触，器械经过严格消毒，这样传染病传播的机会就大大减少

第四节 接 羔

做好接羔和保羔工作是提高羔羊存活率的有效措施,要事先订出计划。

一、产羔季前的准备

(一)羊舍和用具

1. 分娩羊舍 在产羔前,应把分娩羊舍打扫干净,墙壁和地面要用 5% 的碱水或 2%～3% 的来苏儿消毒,无论喷洒地面或涂抹墙壁,均要仔细和彻底。在产羔期间还应消毒2～3次。分娩用羊舍要有足够的面积,产羔期间应尽量保持干燥和恒温。羊舍潮湿容易出问题,舍温一般以 10℃ 左右为宜,但温度的恒定较之舍温高低更为重要。

2. 饲养管理用具 料槽和草架等用具在产羔前都要进行检查和修理,并用碱水或石灰水消毒。

分娩栏是产羔时的必需用具。母羊产过羔后关在栏内,既可避免其他羊干扰,又便于母羊认羔。因而产羔前应制备或修理分娩栏。一般当地品种羊认羔性强,可以不要;杂种羊在产羔比较集中的情况下,分娩栏数量可占产羔母羊数的 5%～10%;纯种羊群需要的分娩栏数更多一些,一般按 10%～15% 配备。

3. 其他 一切接羔用具和药品,如台秤、产羔登记簿、产科器械、来苏儿、碘酊、酒精、高锰酸钾、药棉、纱布、工作服等,都应在产羔前准备好。

(二)人 员

产羔和产羔后一段时间内工作比较繁重,需要的人力比平时多,宜事先规划安排。一般高代杂种羊群或纯种羊群(每群150只左右)以3～4人为宜。开始产羔时人可以少一些,产羔盛期增加,末期渐减。

（三）饲草饲料

在产羔期间,羊群放牧时间相对减少,产羔母羊又增加了哺乳的负担,所以需要补饲。补饲量应根据绵羊品种、类别和当地的农业生产情况来考虑。杂种羊每日每只可补饲青干草1～1.5千克,混合料0.5千克。产羔期间补饲草料的贮备,可纳入羊群全年补饲计划。

牧区夏秋季节,应在距羊圈不远的地方留出一些草场,尽量围起来不要放牧,专作产羔母羊的放牧草地,其面积以够产羔母羊放牧1个半月为宜。草地应避风、向阳、靠近水源。母羊在产后几天之内一般不出牧,所以要有足够数量的优质干草、青贮饲料、多汁饲料供产羔母羊补饲。

二、接羔的组织

在产羔期间应注意防冻、饿、病、过饱和事故,而混乱是以上情况的根源。混乱的主要表现是:工作头绪不清,有的工作被忽视;羊群乱,母、子羊对不上号;羔羊不能及时转群,使小母子群或分娩栏中留羊过多,造成羊群的不平衡;不能及时发现病羔,羔羊死亡增加。

产羔期间应随时注意气候变化,一般随着风雪天气到来,羔羊发病率和死亡率激增,这时应加强看管。为了减少因消化不良引起的腹泻,勿让弱羔吃奶过饱,可把母羊过多的奶挤掉些。还要注意羊舍的温度和湿度,勿使温度过低和湿度过高。

提出以下产羔期母子群的组织和转群方式(羊场细毛羊、半细毛羊大型羊群)供参考。

（一）未产母羊群

在大群中发现临产母羊,应拉出留圈。大群每天放牧并陆续接收由大母子群拨来的带羔母羊。

（二）临产母羊

由未产母羊群分出的临产母羊,应加强看管。白天在运动场,夜间在产圈。基本舍饲。发现产羔母羊时,转入产羔母羊圈。

（三）产羔母羊

对产羔母羊要加强照料,实行舍饲。发现有分娩征象时,即转分娩栏,并做好接产和产后处理。

（四）分娩栏中母子羊

产后母子羊置分娩栏,如母子健壮且母羊认羔,母子在分娩栏中可停留1天左右,否则应延长至2~3天。如母羊不认羔,应强迫其认羔并加强护理。母羊舍饲。待母羊认羔后,转入小母子群。

（五）组织小母子群

由分娩栏拨来的母子羊,组成小母子群,在羊舍附近放牧,母羊放牧不饱需补饲。母子羊在小母子群的天数,视情况而定,一般为7~10天。如羔羊发育快且母子均健康,可早日拨入大母子群;否则应晚些。

（六）组织大母子群

由小母子群拨来的羊,组成大母子群,使其逐渐习惯于远程放牧,除放牧外还需补饲。在大母子群内停留7天左右。此时未产母羊群内羊数渐少,及时让其和大母子群合并。

150只左右的细毛、半细毛羊群,产羔期间需3~4人管理,其分工为1人管未产母羊群,1人管大母子群,1~2人管小母子群和照料分娩母羊等,夜间产羔可轮流值班。

三、接羔技术

产羔期间,应经常查看,发现临产母羊立即拉至分娩栏内,护理产羔。白天羊群出牧前应仔细观察,把有临产征象的母羊留圈。归牧后,利用补饲时观察,估计当晚产羔母羊有多少,应做到心中有数。

(一)分娩征象及正常接产

母羊临产时,骨盆韧带松弛,腹部下垂,尾根两侧下陷;乳房胀大,乳头下垂;阴门肿胀潮红,有时流出浓稠黏液,排尿次数增加;行动迟缓,食欲减退,起卧不安,不时回顾腹部或喜独卧墙角等处休息。当发现母羊卧地,四肢伸直,努责,肷窝下陷时,应立即送入分娩栏。

母羊产羔时,一般不需助产,最好让它自行产出。但接羔人员应观察分娩过程是否正常,并对产道进行必要的保护。正常接产可按以下步骤进行。

首先剪净临产母羊乳房周围和后肢内侧的羊毛,以免产后污染乳房,如果母羊眼睛周围毛过长,也应剪短,以便认羔。然后用温水洗净乳房,并挤出几滴初乳,再将母羊的尾根、外阴部、肛门洗净,用1%的来苏儿水消毒。

正常情况下,经产母羊产羔较快,羊膜破裂后几分钟至30分钟左右,羔羊便能顺利产出。一般先看到两前蹄露出阴门,接着是嘴和鼻,到头露出后,即可顺利产出,可不予助产。

产双羔时,先后间隔5~30分钟,但偶有长达10小时以上的。母羊娩出第一只羔后,如仍有努责或阵痛,应检查母羊是否有双羔。方法是用手掌在母羊腹部前方适当用力上推,如系双胎则可触到光滑的羔体。如发现双胎,应准备助产。

羔羊娩出后,先把口腔、鼻腔及耳内黏液掏出擦净,以免因呼吸而吞咽羊水,引起窒息或异物性肺炎。羔羊身上的黏液,最好让母羊舔净,这样有助于母羊认羔;如果母羊恋羔性弱,可把胎儿身上黏液涂到母羊嘴上,引诱母羊舔羔。如果母羊仍不舔或天气较冷时,应用干草迅速将羔羊全身擦干,以免羔羊受凉感冒。

羔羊出生后,一般都是自己扯断脐带,等其扯断后再用5%碘酊消毒。在人工助产下娩出的羔羊,体质较弱,可由助产人员拿住脐带,把脐带中的血向羔羊脐部顺捋几下,在离羔羊腹部3～4厘米的适当部位扯断脐带,并进行消毒。

母羊分娩后1小时左右,胎盘会自然排出,应集中深埋,以免母羊吞食,养成恶习。如4～5小时后仍不排出,应进行处理。

(二)难产及假死羔羊的处理

1. **难产的一般处理** 在分娩时,初产母羊因骨盆狭窄、阴道过小、胎儿个体较大;经产母羊因腹部过度下垂、身体衰弱、子宫收缩无力或胎位不正均会造成难产。

羊膜破水后30分钟左右,母羊努责无力,羔羊仍未产出时,助产人员应即剪短、磨光指甲,消毒手臂,涂上润滑剂,根据不同情况采用不同方法处理。如遇胎位不正,可将母羊后躯垫高,将胎儿露出部分送回,手入产道校正胎位,再随着母羊努责将胎儿拉出;如胎儿过大,可将羔羊两前肢拉出再送入,这样反复3～4次,然后一手拉前肢,一手扶头,随着母羊的努责,慢慢向后下方拉出。拉时用力不宜过猛,免得拉伤。

2. **假死羔羊的处理** 羔羊产出后,身体发育正常,心脏仍有跳动,但不呼吸,这种情况叫假死。假死的原因主要是羔羊过早地呼吸而吸入羊水,或母羊子宫内缺氧、分娩时间过长,或受凉所致。羔羊出现假死时,欲使羔羊复苏,一般采用两种办法：一种是提起羔羊两后肢，使羔羊悬空并拍击其背、胸部；另一种是让羔羊平卧，用两手有节律地推压胸部两侧。短时假死的羔羊，经过处理后，一般即能复苏。

因受凉而造成假死的羔羊，应立即移入暖室进行温水浴，水温由 38℃ 开始，逐渐升到 45℃。浴时应注意将羔羊头部露出水面，严防呛水，同时结合腰部按摩，浸水 20～30 分钟，待羔羊复苏后，立即擦干全身。

（三）产后母羊的护理

母羊在分娩过程中失去很多水分，并且新陈代谢机能下降，抵抗力减弱。如果护理不当，不仅影响羊体健康，且使生产性能下降，所以要加强产后母羊的护理。

产后母羊应注意保暖、防潮，避免贼风，预防感冒，并使母羊安静休息。产后 1 小时左右，应给母羊饮水，第一次不宜过多，一般为 1～1.5 升，水温应高一些，切忌母羊喝冷水。为了避免引起乳房炎，补饲量较大或体况较好的羊，在产羔期可稍减精料，以后逐渐恢复。

（四）初生羔羊的护理

羔羊出生后，体质较弱，适应能力低，抵抗力差，容易发病。因此，搞好初生羔羊护理是保证其成活的关键。

羔羊出生后，一般 10 多分钟即能起立，寻找母羊乳头。第一次哺乳应在接产人员护理下进行，使羔羊能尽快吃到初乳。初乳是指母羊分娩后第一周产的奶，含有丰富的营养物质和抗体，有抗病和轻泻作用，有利于羔羊排出胎粪。

羔羊胎粪黑褐色，粘稠，一般生后 4～6 小时即可排出。如初生羔羊鸣叫、努责，可能是胎粪停滞，如 24 小时后仍不见胎粪排出，应采取灌肠等措施。胎粪特别粘稠，易堵塞肛门造成排粪困难，应注意擦拭干净。

另外,为了管理上的方便和避免哺乳上的混乱,可采用母子编号的办法,即在羔羊体侧写上母羊的编号,以便识别。

哺乳期羔羊发育很快,若奶不够吃,不但影响羔羊的发育,而且易于染病死亡。对缺奶羔,应找保姆羊。保姆羊一般是死掉羔羊或有余奶的母羊。否则,要进行人工哺乳。人工哺乳应首先选用羊奶、牛奶,也可用奶粉、代乳品等。对羔羊实行人工哺乳,是当今肥羔生产和奶羊生产上普遍采用的先进方法。实行人工哺乳,容易形成规模化、工厂化的生产方式。采用人工哺乳方法饲养羔羊,必须严格掌握配乳成分和浓度,特别是用奶粉和代乳品时,要注意卫生和消毒,一定要做到定时、定量、定温,达到规范化饲养管理要求。

（五）初生羔羊的鉴定

初生羔羊鉴定是对羔羊（细毛羊、半细毛羊及其杂种）的初步挑选,其意义有二:一是根据羔羊的等级组成鉴定种公羊的好坏,而种公羊的后裔测验结果知道得越早越好;二是有一些性状（如羔羊身上的有色斑点和犬毛等）在羔羊身上能清楚地看到,长大后会逐渐消失或不易发现,而这些性状对后代品质影响很大。

初生羔羊鉴定宜在出生后 24 小时内进行,项目包括类型、体质、体格、体重、毛质和毛色等。类型是指其产品方向的倾向性;体质是根据骨骼粗细、头的宽窄和皮肤皱褶情况定为结实或偏粗、偏细;体格是指其骨架大小,可结合体重评定;体重指其初生体重,以大、中、小表示,公羔初生重在 4.5 千克以上的为大,3.5～4.4 千克的为中,3.4 千克以下的为小;毛质可分同型毛、基本同型毛和混型毛;毛色可分全白、体杂、头肢杂或全杂等。

按以上项目鉴定后,可把羔羊分为优、良、中、劣 4 级。凡体质结实、个体大、毛色全白无犬毛的属优级；体质结实或稍偏细、体格大或中等、毛全白、同型或很少犬毛的属良级；体质结实或偏粗、体格中等或略小、毛全白、同型、犬毛稍多或四肢次要部位有有色小斑点的属中级；其他项目虽略同于以上各级，但羊毛混型或身躯主要部位有粗毛，或毛质略同于以上各级而体格特小、体质特差者均属劣级。

以上标准适用于细毛羊、半细毛羊品种羔羊及其杂种羔，但杂种羔在毛质和毛色上可略放宽。经初步鉴定挑选出来的优秀个体，可用母子群的饲养管理方式加强培育。

第五节 羔羊培育

一、羔羊培育的重要性

绵羊个体生长发育有明显的阶段性，要想培育出高生产性能和优良育种品质的绵羊，就必须充分满足绵羊在各个生长发育阶段的营养需要。

用人为创造的生活条件（如饲养、管理等）来影响和控制羔羊的生长发育，使其向我们所需要的方向变异，这就是培育的意义。培育工作虽然在绵羊整个生长发育过程中都应加以注意，但培育所产生的效果却以羔羊时期最为显著，这是由于幼畜具有较大的可塑性。由此可见，羔羊培育是养羊业中的重要问题。

二、羔羊培育方法

母羊怀孕后半期，胎儿生长发育很快，这时如果为母羊创造良好的饲养管理条件，不但羔羊初生体重大，羊毛密度好，而且产后母羊泌乳多,能保证泌乳期羔羊的正常生长发育。如果母羊在放牧中吃不饱,需补饲一些质量较好的干草,如条件许可还应适当地贮备部分精料,并根据需要补喂一些骨粉和食盐。

羔羊出生后数周内,主要靠母乳为生,应继续保持母羊的良好营养状况,使其有足够的乳汁哺育羔羊。羔羊出生后数日宜留在圈中,母羊也应舍饲。随着羔羊日龄的增长,可开始随母羊放牧,开始时应距羊舍近一些,以后放牧距离可逐渐增加。为了保证母羊和羔羊的正常营养,最好能预先留出一些较近的优质牧地。羔羊半月龄后,即可训练采食干草,1月龄后可让其采食混合精料,补饲的食盐和骨粉可混入混合精料中喂给。羔羊补饲最好在补饲栏(一种仅供羔羊自由进出的围栏)中进行。

甘肃天祝种羊场培育种用公羔采用了以下方法:当羔羊2～3周龄时,从全部羔羊中挑选出优秀个体,组成母子群加强培育。羔羊除随母羊放牧随时哺乳外,还补饲下列数量的混合精料:1月龄每只每天50～100克,2月龄150～200克,3月龄200～250克,4月龄250～300克。羔羊断奶后单独组群,由有经验的牧工管理,定期驱虫和预防接种。根据季节变化,合理安排放牧管理日程,建立月称重和生长发育测定记录。出生后第一年的冬春季节,除放牧外,每羔每天补饲混合精料500～750克,干草1～2千克,多汁饲料400～500克,食盐和骨粉6～9克。用上法进行培育的公羔,周岁时的平均体重、剪毛量和羊毛长度等指标,都远远超过该品种所规定的理想型指标。

一般3.5～4个月龄羔羊即和母羊分群管理,这是羔羊发育的危险期。此时如补饲不够,羔羊体重不但不增长,反而有下降的可能。因此,羔羊在断奶分群后应在较好的牧地上放牧,视需要补饲适量的干草和精料。

加强培育的羔羊,要求条件较高,不易大面积推广,但把少量最好的羔羊挑选出来加强培育,育成特别优秀的个体,这对整个羊群品质的提高有很好的作用。

三、羔羊的断奶和断奶鉴定

发育正常的羔羊,在 3.5～4 个月龄即可断奶。在产羔集中或母羊奶量不太多的情况下,最好采取一次断奶。

在羔羊断奶分群时,应进行断奶鉴定,主要对羔羊体质类型、体格大小、羊毛密度、细度和长度做出评定,定出等级。

凡体质结实、个体大、发育良好,具有符合品种要求的羊毛细度、皮肤皱褶、毛色和毛长的个体列为一级。体质稍细、体格大或中等、皮肤紧密无皱褶、毛色纯白、被毛长而密度稍差的列为二级。体质较粗、体格略小、皮肤宽松、毛色纯白、被毛密度大而毛短的列为三级。不符合以上各级要求的列为四级。

经过断奶鉴定的羔羊,应按性别和鉴定等级分群。进行育种的场、户和承包单位,在羔羊断奶分群时,应做好羊的个体编号。

第六节 提高绵羊繁殖力的途径

一、影响绵羊繁殖力的因素

(一)遗 传

绵羊品种的繁殖力是在长期自然选择和人工选择下形成的种质特性,是代表绵羊品种特征的一个重要方面。例如,小尾寒羊的产羔率为 270%,湖羊的产羔率为 234%,芬兰兰德瑞斯羊的产羔率为 250%等,这些羊都属多胎品种,它们通常一年产两胎或两年产三胎,每次排卵数都比较多。这种多胎特性,具有较强的遗传性。在一般绵羊品种中,引入多胎品种血统,就可有效地提高其繁殖力。在同一品种或同一羊群内,经常性地坚持选择具有多胎性状的公、母羊个体留种繁殖,就有可能逐渐提高品种或整体羊群的繁殖力,形成多胎群体或品种,当然这需要一个较长的时间过程。

（二）营　养

营养水平对绵羊繁殖力影响很大。充足的全价营养,可以提高种公羊的性欲和一次射精数量及精液质量,促进母羊发情和提高母羊排卵数量及受胎率。因此,加强公、母羊饲养,特别是加强配种前期及配种期的饲养水平,实行满膘配种,是提高绵羊繁殖力的重要措施。据研究报道,种公羊在配种前 50天开始补饲高蛋白质饲料,其一次射精量可提高 27%;种母羊在配种前 30～40 天进行短期优饲催情,即每天补饲精料（豆类饲料占 30%）0.25 千克,产羔率可提高 10.46%。母羊在配种前的营养体况对受胎率的影响十分显著,配种前母羊活重每增加 1 千克,空怀率下降 2.3%,羔羊断奶成活率提高2%。母羊怀孕期间,如果营养不良,可能会引起胎儿死亡。据研究报道,怀孕期膘好的母羊,胎儿死亡率为 2.3%,膘情差的为 13.9%。

（三）年　龄

母羊的产羔率一般随年龄而增加,3～6 岁时最高。公、母羊通常在 5～6 岁时达到繁殖力的最高峰,7 岁以后繁殖力逐渐下降。

（四）环境温度

环境温度对公、母羊繁殖性能的影响，主要是指高温对生殖细胞的生成和胚胎发育产生的不良作用。夏季气候炎热，当大气温度超过 30℃时，有些品种的公羊表现出射精量减少，精子活力下降，畸形精子增多，性欲降低，甚至完全不育；母羊在高温环境下，则表现为不发情、不排卵。高温对繁殖性能产生不良作用的原因，是因为高温引起动物体温升高，采食量减少，内分泌系统平衡失调，使激素调节、酶活性和代谢过程发生紊乱，这些因素直接或间接对精子和卵子的生成以及胚胎的发育产生不良作用。

（五）季　节

大多数绵羊品种，发情配种都有固定的季节，并且一般都在秋冬两季。有些品种，如小尾寒羊、湖羊等，虽可全年发情，季节性限制不甚明显，但仍以 7～12 月份的发情比例较高，公羊的精液品质也以这一时期最好。

二、提高绵羊繁殖力的途径

（一）选留多胎羊做种用

不间断地选留来自多胎的绵羊做种用，即从遗传上形成多胎基因群体，这是提高绵羊产羔率的根本途径。

研究证明，第一胎产双羔的母羊，其以后胎次产双羔的重复率也较高，这样的母羊所生后代产双羔率也较高。另外，引入多胎品种的公羊同当地品种母羊杂交，其杂种后代的产羔率也随之提高，并随杂交代数的增加而逐渐接近引入品种的产羔率。

（二）选留适龄母羊做种用

提高羊群中适龄繁殖母羊的比例，同时淘汰羊群中的不孕羊及习惯性流产羊,这也是提高羊群繁殖力的一项重要措施。羊群结构的合理与否,对羊的数量增长影响很大。一般来讲,羊群中适龄繁殖母羊的比例应占到 70% 左右较为理想。在适龄母羊中,各个年龄羊的结构也应有一个合适的比例。如果按繁殖利用年限 5 年计算,即 2～6 岁的 5 个年龄段的母羊,在保持羊群总数不增加的情况下,应各占 20%;若要增加羊群总数量,则母羊的年龄结构应尽可能是一个金字塔形,即母羊随年龄增长,所占比例应下降,这样的年龄结构比较理想。

(三)实行密集繁殖

在气候条件和饲养管理条件比较好的地区,可实行密集产羔。即母羊一年产两次羔或两年产三次羔。实施密集产羔要注意以下几点:①要选择健康、乳房发育好、营养体况好的母羊,年龄以 2～5 岁为宜;②母羊在产前产后要有较好的补饲条件;③根据当地具体条件,从有利于母羊、羔羊健康出发,恰当地安排好母羊的配种时间。

(四)诱导超数排卵和季节外繁殖

为了提高繁殖力,可使用甲地孕酮阴道海绵法和注射孕马血清促性腺激素,能使母羊在 1 年中的任何时候发情,并超数排卵。这些激素可促进母羊卵泡的发育、成熟和排卵,能够明显地提高母羊的产羔率。因此,在改善绵羊饲养管理条件的基础上,正确应用繁殖激素,也是提高绵羊繁殖力的一项有效措施(详见本章第二节)。

(五)应用绵羊双羔素主动免疫法提高母羊繁殖率

用中国农业科学院兰州畜牧研究所研制的双羔素(睾酮-3-羧甲基肟·牛血清白蛋白),给母羊臀部肌内注射,每次每只剂量为 1 毫升。在第一次注射后 20 天进行第二次相同剂量的注射,再过 20 天后绵羊即可发情配种。注射双羔素的母羊产生对抗类固醇激素的抗体,发生主动免疫反应,从而改变激素的反馈控制系统,产生调节卵巢功能、提高排卵率的作用。研究证明,绵羊双羔素可提高母羊排卵率 50%,提高产羔率16.67%。因此,采用双羔素主动免疫法为提高绵羊繁殖力开创了一条新的希望之路。

第五章 绵羊的饲养管理

第一节 绵羊的生物学特性和消化特点

一、绵羊的生物学特性

为了合理地饲养和管理绵羊,应对其生物学特性有所了解。现将其主要的生物学特性介绍如下。

(一)合群性强

绵羊的合群性强于其他家畜。因此,可以组织大群放牧。在放牧中离群的羊,一经牧工呼唤,能迅速奔跑回群。当羊群通过桥梁、窄道时,只要"头羊"先过,整个羊群就争先跟进。因此,羊群虽大却易于驱赶和管理。但也有不好的地方,譬如少数羊一旦受惊跑动,其他羊只也往往跟随奔跑,管理羊群时应加注意。

(二)采食力强

绵羊嘴尖齿利,唇薄而灵活,加之上下颚强劲,吃草的能力很强。在天然草场上,牛、马不能采食的杂草和短草,均可放牧羊群。绵羊身体轻便、灵敏,四肢强健有力,蹄质坚硬,游走能力强,善于边走边采食。因此,适宜放牧饲养。绵羊采食的饲料种类十分广泛,灌木、树枝嫩叶、各种牧草到各类农副产品等均可利用。此外,羊群还能很好地利用庄稼茬地,拣食遗留的谷穗及田埂上的杂草。由于绵羊是反刍家畜,胃肠等消化器官特别发达,所以对各种粗饲料的采食、消化利用能力都很强。

（三）适应性强

绵羊的适应性较其他家畜强。但绵羊一般喜欢干燥的环境，潮湿对绵羊不利，易招致寄生虫病和蹄病。对温度的反应是耐寒不耐热。但适应性与品种类型及分布区的气候条件有密切关系。如细毛羊对干燥、寒冷的环境比较适应，对湿热则不适应；早熟长毛种绵羊则能抗湿热、抗腐蹄病，但不耐干旱及缺乏多汁饲料的环境条件。因此，对绵羊的饲养管理要考虑其品种特性。

（四）性情温顺

绵羊较其他家畜温顺，这对训练调教很有好处。牧工若在驱赶羊群时喊出某种声响，久之绵羊就对此声响有一定的反应，牧工即可用声响指挥羊群。但由于绵羊温顺、懦弱，也易被害兽侵扰，放牧羊群要注意防狼害。

（五）嗅觉灵敏

母羊靠嗅觉识别自己的羔羊，视觉、听觉起辅助作用。在生产实践中，可以利用这一特性被寄养羔羊。只要在被寄养的羔羊躯体上涂抹母羊的羊水或尿液，或在母羊口鼻部位涂沫上被寄养羔羊气味的液体，寄养就会成功。

（六）爱　清　洁

凡被污染或践踏过的草料和饮水，绵羊都会拒食。所以，要注意保持草料和饮水的清洁卫生。补饲绵羊的草料应掌握少量多次的原则，以确保绵羊正常采食和饲料的充分利用。

（七）对疾病的反应不甚敏感

这就要求管理人员平时细心观察绵羊有无异常表现，以便及早发现病羊、及时诊治。

二、绵羊消化机能的特点

（一）消化器官的特点

绵羊属反刍类家畜,以草食为主。胃为复胃,分 4 个室,即瘤胃、网胃、瓣胃和皱胃。前 3 个胃无胃腺,统称前胃。皱胃胃壁黏膜有腺体,其功能与单胃动物的胃相同,又称真胃。胃容积甚大,约占消化道总容积的 2/3,其中瘤胃容积最大约 30 升,占全胃总容积的 80％左右。羊在比较短的时间内采食大量牧草,未经充分咀嚼即咽下,贮存在瘤胃内,待休息时再将草返回到口腔细细咀嚼,再咽下,这就是反刍。瘤胃更主要的作用是其中的微生物,可以分解消化食物。网胃与瘤胃的作用基本相似,除机械作用外,其内也有微生物活动,分解消化食物。瓣胃主要对食物起机械压榨和过滤作用。皱胃(真胃)黏膜腺体分泌胃液,主要是盐酸和各类消化酶,对食物进行化学性消化。

羊的肠道很长,其中小肠细长曲折,长约 25 米。胃内容物进入小肠后,经各种肠消化酶的化学性消化,分解的营养物质被小肠吸收,再经由血液循环系统输送到身体各部位,供给羊的营养需要。大肠比小肠粗而短,长约 8.5 米,其主要功能是吸收水分,在小肠未被消化吸收的食物进入大肠后,还可在大肠微生物及由小肠进入大肠的各种消化酶的作用下,继续进行消化吸收,下余残留部分便形成粪便排出体外。

（二）消化生理特点

1. 反刍　反刍是反刍动物特有的消化生理特点。由于食团刺激瘤胃前庭和食管沟黏膜,引起反射性逆呕,将食物返回口腔再进行咀嚼然后又咽下的全过程,即为反刍。反刍在吃草之后稍休息片刻即开始。反刍时羊多为侧卧姿势,也有少数站立。反刍持续时间与采食饲草料的质量密切相关,饲草中粗纤维含量越高,反刍时间越长。正常情况下,反刍时间与采食时间之比为 0.5～1∶1,羊 1 昼夜反刍时间为3～5 小时。

2. **瘤胃微生物的作用** 瘤胃中生存着种类繁多、数量巨大的微生物,约有 200 多种,但起主要作用的是细菌和原虫两大类。瘤胃环境是一个复杂的生态系统,非常适宜于瘤胃微生物栖息繁衍。每毫升瘤胃内容物中有细菌 10^{10}～10^{11}个,原虫 10^5～10^6 个。这些微生物和绵羊宿主之间的关系,是一种相互依存、彼此互利的共生关系。反刍动物能够采食粗纤维含量高的饲料,并将其转化为畜产品,主要是靠瘤胃微生物的复杂消化代谢过程。在这一过程中,瘤胃微生物的主要作用如下。

第一,分解饲料中的粗纤维(纤维素、半纤维素、木质素等)成为乙酸、丙酸、丁酸等挥发性低级脂肪酸和甲烷等,其中低级脂肪酸进一步被用来合成身体所需要的葡萄糖和氨基酸,同时还起到维持瘤胃 pH 值的作用。据测定,羊可以消化饲料中 50％～80％的粗纤维。

第二,利用植物性蛋白质和非蛋白质的含氮物质合成微生物蛋白质。在瘤胃微生物分泌酶的作用下,饲料中的劣质蛋白质(植物性蛋白质)和非蛋白氮化物被分解为肽、氨基酸和氨等物质,这些分解产物又被瘤胃微生物进一步合成微生物蛋白质,其中主要是细菌蛋白质。瘤胃中 50％～80％的微生物蛋白质来源于这些劣质蛋白质和非蛋白氮的分解产物。瘤胃细菌蛋白质在通过小肠时被消化吸收。这种菌体蛋白质含有各种必需氨基酸,比例合适,成分稳定,生物学价值高。由于瘤胃微生物的作用,提高了植物性蛋白质的营养价值,同时也为养羊业利用尿素、铵盐等非蛋白氮作为补充饲料代替部分蛋白质饲料提供了可能。瘤胃微生物的这一作用,对充分利用粗纤维饲料和非蛋白氮类饲料,发展草食家畜畜牧业具有十分重要的生物学意义。

第三,合成 B 族维生素,其中包括维生素 B_1,维生素 B_2,维生素 B_6,维生素 B_{12} 以及维生素 K 等。

第二节　绵羊的营养需要和饲养要点

一、绵羊的营养需要

绵羊所需要的营养物质包括蛋白质、碳水化合物、脂肪、矿物质、维生素和水等。这些营养物质对于不同生理状态下的绵羊,例如繁殖配种期、生长期、怀孕期、泌乳期、肥育期的绵羊,其需要量是不同的。因此,绵羊的饲养要根据不同生理状态下的营养需要量,科学合理地配制日粮定额,以达到用最少的饲料生产出最多最优的畜产品的目的。

从理论上讲,绵羊的营养需要是由维持需要和生产需要两部分组成的。维持需要是指绵羊在不生产状态下(体重不增不减、羊毛不生长、不产奶),为维持正常生命活动(呼吸、血液循环、体温、消化活动等)所需要的营养物质。为满足维持需要所投入的饲料,事实上属于"基础投入"。只有在满足维持需要的基础上,再继续投入的那部分饲料才能转化成畜产品。所以,生产需要就是在维持需要的基础上,绵羊为了生长、繁殖、泌乳、增重、产毛等所需要的营养物质。羊越高产,所需要的这部分营养物质就越多。在生产实践中,很难将这两部分营养需要划分出明确的界限。据研究表明,一般维持需要量大约占总营养需要量的 50%。

二、不同生理状态下的营养需要和饲养要点

(一)公、母羊繁殖期的营养需要和饲养要点

要使公、母羊保持正常的繁殖力,必须为其提供全价营养。即在一定量的热能饲料基础上,充分满足其对高蛋白质以及矿物质、维生素营养的需要。具体的饲养要点如下。

1. 种公羊　由于种公羊在改良和提高羊群生产力中的重要作用,以及繁殖生理上的特点,它对饲养管理的要求要比母羊高。总的原则是,要求全年保持中上等营养体况,健壮活泼,精力充沛,性欲旺盛,不过肥过瘦。过肥过瘦都会影响公羊的配种能力和精液品质。

(1)适于饲养公羊的饲料　种公羊的日粮,必须含有丰富的蛋白质、维生素和矿物质。蛋白质能影响公羊的性机能,饲喂富含蛋白质的饲料,能使种公羊性机能旺盛,精液好,授精率高;钙、磷是形成正常精液所必需的,故在配种期应常给种公羊补饲牛奶、鸡蛋、骨粉等。

种公羊的饲料应当品质好,易消化,适口。最理想的粗饲料是苜蓿干草、三叶草干草和青燕麦干草等。精料以燕麦、大麦较好,糠麸、高粱等效果亦佳。在缺乏豆科干草时,补饲一定数量的豌豆也是必要的。多汁饲料有胡萝卜、饲用甜菜及青贮料等。

(2)饲养方式和饲养定额　种公羊应尽可能坚持放牧,保证公羊有足够的运动量,以增强体质。同时,为保持公羊获得足够的营养,还必须在放牧的基础上补饲。补饲量应按配种期和非配种期区别对待,现以体重85千克的细毛公羊为例予以说明。

①非配种期:除放牧外,冬春季节每日补饲精料500~

600克,青干草2～3千克,胡萝卜或青贮料0.5千克,食盐5～10克,骨粉5克;夏季补饲精料400～500克。

②配种期:每日补饲精料1.2～1.4千克,多汁饲料0.5～1千克,青干草2千克。鸡蛋1～4个或牛奶0.5～1千克。可按配种负担量适当增减,灵活掌握。在配种开始前1～1.5个月为预备期,即应增加精料量,开始按配种期60%～70%的量喂给,以后逐渐增加,直到配种开始时增至配种期的喂量。配种期结束后的1～1.5个月为恢复期。这一时期要逐渐减少精料喂量,并逐渐停喂其他饲料,以逐步过渡到非配种期的饲养水平。现介绍两个实例供参考。

甘肃天祝羊场的新疆细毛羊,在非配种期,除放牧外每日每只补饲混合精料500克,在配种前1个月至配种后1个月,每日每只补饲混合精料750克;冬春非配种季节每日每只补饲青燕麦干草或青箭筈豌豆干草1～1.5千克,胡萝卜250克。

新疆巩乃斯羊场的种公羊,在配种期除放牧外,每日每只补饲混合精料800～1 100克,胡萝卜200～400克,鸡蛋2～4个,苜蓿干草1千克,野干草3千克。

(3)种公羊的管理要点 管理种公羊,必须由工作认真并有经验的牧工担任,要长期相对稳定。

种公羊要单独组群放牧和补饲。放牧时距母羊群要远些,尽可能防止公羊互相斗殴。种公羊圈舍宜宽敞坚固,保持清洁、干燥,定期消毒。

为了保证公羊的健康,应贯彻预防为主的方针。定期进行检疫和预防接种,做好体内外寄生虫病的防治工作。平时要认真观察种公羊的精神、食欲等,发现异常,立即报告兽医人员。

2. **繁殖母羊** 繁殖母羊的饲养是以放牧为主,补饲为辅。重点是怀孕后期和哺乳前期,共约 4 个月。这一时期因为直接关系到羔羊的生长发育和繁殖成活,必须予以重视,决不可马虎对待。

(1)怀孕后期 指怀孕期的第四第五 2 个月。这一时期,胎儿生长发育快,需要营养多,特别是蛋白质营养十分重要,直接关系到胚胎期羔羊的生长发育。羔羊初生体重的 85%～90%是这一阶段生长的。同时,这一阶段母羊自身还需要贮备一定量的营养,以供产后泌乳的需要。饲养良好的怀孕母羊,在怀孕期间体重会不断增加,到分娩时,单胎母羊增重 7～8 千克,双胎母羊增重 15～20 千克。怀孕期间,特别是怀孕后期如营养不足,将会大大影响胎儿发育和母羊产后泌乳能力,最终造成胚胎期羔羊生长发育不良,母羊产后缺奶,羔羊成活率降低,给生产带来重大损失。对细毛羊、半细毛羊及其高代杂种羊来讲,这一阶段除放牧外,补饲定额可按精料 0.2～0.4 千克,青干草 1～1.5 千克,多汁饲料 1～1.5 千克供给。严禁喂发霉变质饲料和冰冻饲料,严禁在有霜草地上放牧,忌饮冰冻水,严防追赶、惊吓、拥挤,以免造成流产。

(2)泌乳前期 是指母羊产羔后的头 2 个月。这一时期母乳是羔羊最重要的营养物质,尤其是产后头 15～20 天内,母乳几乎是惟一的营养物质,所以要保证母羊获得全价营养,以提高其产乳量,满足羔羊哺乳需要;否则,母羊泌乳不足,羔羊处于半饥饿状态,其发育将会受到严重影响。母羊自身也会因营养供不应求而逐渐消瘦,羊毛生长受阻而出现"饥饿痕",严重影响羊毛品质。事实上,母羊泌乳前期的营养需要量比怀孕期还要多。因此,补饲定额应予提高,其中精料喂量按单、双羔比怀孕期分别提高 10%和 30%,其他饲料也应适当增加。据测定,羔羊每增重 100 克,需母乳 500 克,而母羊每生产 500

克奶,需要 0.3 个饲料单位(1 个饲料单位是指 1 千克中等燕麦的净能 1 414 千卡,即 5 916 千焦能量营养价值),33 克可消化蛋白质,1.8 克钙,1.2 克磷。哺乳前期的羔羊生长迅速,日增重可达到 200~300 克。这一阶段母羊除放牧外,补饲定额可按精料 0.25~0.45 千克,青干草 1.5~2 千克,胡萝卜 0.5 千克,青贮料 1~1.5 千克供给。

母羊产羔 2 个月后便进入泌乳后期,母羊的泌乳能力明显下降,但羔羊采食饲料的能力已大大增强。此期间羔羊获取的营养物质主要来自其所采食的饲料,不再是母乳。因此,哺乳后期,母羊应以放牧采食为主,补饲量应酌情逐步减少。

(二)绵羊生长期的营养需要和饲养要点

绵羊生长期是指从初生到 1.5 岁龄的时期。要经过两个明显不同的生长发育阶段,即哺乳期和断奶后的育成期。这一时期新陈代谢的特点是同化作用强于异化作用,处于迅速生长时期,可塑性大,此阶段生长发育的好坏,直接关系到羊终生的体型特征和生产性能。

1. 哺乳期 指从初生到 4 月龄断奶的时期。这一时期羔羊平均日增重 200~250 克。该期又可分为两个阶段,即:①初生到 8 周龄,以母乳营养为主的阶段;②从 9 周龄到 4 月龄断奶,以母乳加补饲并逐步过渡到以采食饲料为主要营养来源的阶段。哺乳期营养不足,羔羊的体形呈"枣核状",即腹部膨大,前后躯瘦小,呈"两头尖"的体形,生长发育严重受阻。此阶段的饲养要点请参照本书第四章第五节羔羊培育部分。

2. 育成期 指断奶后到 1.5 岁龄的时期。此阶段的增重没有哺乳期快,但在 10 月龄前如果饲养条件好,平均日增重仍可达到 150~200 克。育成期营养不足容易形成幼稚型体形,即体躯狭窄而浅,四肢高,体重小。形成这种体形的羊,以后再加强营养也很难改变。所以绵羊育成期的饲养十分重要，特别是蛋白质营养，无论从量与质上都要保证。哺乳期羔羊每日需供给可消化蛋白质 105～135 克，育成期则需供给 135～160 克。由于育成期羊骨骼生长迅速，对钙、磷矿质元素的需要也很迫切，每日需供给钙 4.2～6.6 克，磷 3.2～3.6 克。另外，维生素 A，维生素 D 对保证羔羊正常生长发育，预防佝偻病也是不可缺少的营养物质。

绵羊育成阶段还有一个非常关键的时期，即出生后第一年的越冬越春期。对于以放牧为主的绵羊来讲，这一时期的饲养管理尤为重要。特别是我国北方地区，由于冬春季节气候寒冷，牧草枯黄且量少质差，很难满足幼龄育成羊正常生长发育的营养需要。所以，冬春季节除放牧外，需要根据实际情况适当地补饲精料、干草、青贮饲料或块根块茎类饲料。每日补饲量可参照下列定额：细毛羊、半细毛羊及其高代杂种羊，补饲精料 200～250 克，混合干草 0.6～1 千克；或精料 150～200 克，混合干草 0.5～1 千克，青贮料或胡萝卜 0.5～0.75 千克。冬春季节如果只靠放牧，没有补饲，幼龄羊往往因所获营养不能满足其需要而逐渐消瘦乏弱，乃至死亡，给养羊生产造成损失。

绵羊育成期的生长发育速度、增重效率及越冬能力在同群内个体间是有差别的，而这种差别则是由遗传因素决定的。据研究证明，周岁龄体重的遗传力和重复力都较高。因此，不断选择同等条件下周岁龄体重大的羊留种，可以提高育成羊的越冬能力和增重效率。

第三节　绵羊的肥育

绵羊肥育的目的，是要增加羊体内的肌肉和脂肪存量，改善和提高羊肉品质。当绵羊获取的营养物质超过它本身维持营养所必需的营养物质时,才有可能在体内蓄积肌肉和脂肪。如何以最经济的饲料投入,生产出更多更好的羊肉产品,是绵羊肥育饲养的关键。

一、肥育方式选择

肉羊肥育方式基本上有三种类型,即放牧肥育、半放牧半舍饲肥育及舍饲肥育,究竟采用哪种方式好,应当以能充分合理利用当地自然资源,经济效益好为前提,因地制宜、因时制宜。

(一)放牧肥育

放牧肥育是羊肥育最廉价最经济的方式,具有明显的季节性特点,即夏秋牧草生长旺盛季节以及农作物收割后的茬地利用,是放牧肥育的最佳时机,并以 11 月份前后出栏上市为最好。放牧肥育的技术要求是:①放牧草场要求水草丰美、平坦;②日放牧游走距离要短,放牧半径以 1~1.5 千米为宜,尽可能避免过多游走而消耗体力;③放牧应早出晚归,尽可能地延长放牧采食时间,如有条件可实行昼夜放牧的强度放牧肥育办法,效果更好;④放牧肥育羊群不宜过大,以 50 只左右为宜,最多不超过 100 只,视放牧草场条件而定。

放牧肥育如能应用得当,肥育羊日增重可达到 100~150 克。有条件的牧区及半农半牧区可采用此法。放牧肥育主要用于当年计划出栏的各类成年羊和淘汰羊。

(二)半舍饲半放牧肥育

这是将舍饲与放牧结合起来的一种肥育形式,即肥育羊每天在放牧地(人工草地,或改良的天然草地,或农作物茬地)上放牧采食 3~6 小时,舍饲(人工饲喂)1~2 次。此法在农区、牧区以及半农半牧区都可采用。可根据当地条件,灵活采用以舍饲为主，或以放牧为主，或舍饲、放牧并重等形式。与纯放牧肥育相比，肥育投入较多，肥育周期短，肥育效果好。此法也要求放牧草场水草状况良好，组群不宜过大，以 40～60 只为宜，放牧、游走距离不宜过长，并宜在牧草生长旺季（7～10月份）应用。半舍饲肥育羊一般日增重 150～200 克。肥育对象主要为各类成年羊，其次为大龄（6～10 月龄）羔羊。

（三）舍饲肥育

舍饲肥育是一种短期强度肥育方式。肥育羊完全是在人工提供的圈舍环境中，采用高水平全价配合日粮和科学管理手段实施的肥育。因此，肥育期短、周转快、效果好、经济效益高，并且不分季节，可全年均衡提供羊肉产品。舍饲肥育主要用于组织肥羔生产，即选用 3～4 个月龄的羔羊，经 2 个月左右的强度肥育，日增重 200～250 克，活重达 35～40 千克即屠宰出栏，以生产高档肥羔羊肉。舍饲肥育也可以根据生产季节，组织成年羊进行肥育。

舍饲肥育的羊群规模，要根据羊舍设备容量、饲料贮备和供应条件来定，但一次肥育量至少应在 50 只以上。

二、肥育技术规程

（一）肥育准备

1. **圈舍准备** 舍饲、半舍饲肥育均需要羊舍。羊舍要建在地面平坦、地势较高、干燥、避风向阳、交通便利、无污染的地方，以坐北朝南、东西走向为好。要求冬暖夏凉，清洁卫生，操作便利。圈舍大小，按每只羊占地 0.8～1 平方米乘以一次肥育羊的只数来计算设计。圈舍内设置饲槽及饮水设施。近年来，我国北方推广塑料膜暖棚养羊技术，经济实用，效果很好，应当进一步普及应用。塑料膜暖棚羊舍的修建比较简单，目前大多是利用农村现有的简易敞圈或简易开放式羊舍加以改建整修，然后用木杆或竹片、钢筋、铅丝等材料做好纵向支架，间距 0.6 米，其上扣塑料薄膜。塑料膜以选用白色、透明、厚度 100 微米的强力塑料膜为宜。扣棚时塑料膜要铺平、拉紧，边缘四周要压实固定好。扣棚角度一般为 35°～45°。墙的高度以塑料膜不被羊破坏为宜，一般暖棚前墙高度应为 1.2 米。侧墙一端设门，在距前墙基 10～20 厘米处留进气孔（20 厘米×20 厘米），并有关启装置。在塑棚棚顶位置上设排气孔，按东西方向每隔 8～10 米设 1 个（30 厘米×30 厘米），要关启方便。

现介绍一种较为规范的单列式塑料膜暖棚建造规格（图 5-1，图 5-2）。这种塑料膜暖棚由硬棚和塑料膜棚两部分组成。塑料膜棚部分可以建成斜坡式或弓式。斜坡式塑料膜棚支架选用外表光滑的木椽或木条，按 0.6 米间距，纵向排列做成；

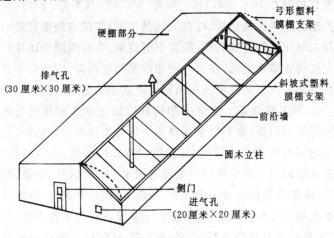

图 5-1 单列式塑料膜暖棚立体图示

弓形塑料膜棚支架可用宽约 5 厘米的竹板或直径 1.2 厘米左右的钢筋,按 0.6 米的间距,纵向排列做成。硬棚部分的墙体和支架,选用砖木结构或土木结构;棚顶部分用木料、竹席、麦秸、草泥、瓦或油毛毡搭成。棚内的支撑立柱要用圆木做成。

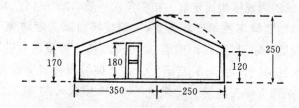

图 5-2 单列式塑料膜暖棚截面图示
(单位:厘米)

塑料膜暖棚要在冬季气温降至 0℃左右时扣棚,约在 10 月下旬;在气温回升到 5℃左右时拆棚,约在 3 月下旬。棚内温度宜控制在 10℃左右,相对湿度70%～80%为好。同时,还应控制好棚内空气质量,注意通风换气,以防棚内积聚过量的氨及二氧化碳等有害气体,损害羊群健康。塑料膜暖棚建成后首先要彻底清理地面,在进羊使用前要彻底消毒,以后每半月左右消毒一次。消毒可选用菌毒灵或敌菲特等药品。

2. 饲草料准备 肥育羊的饲料应以充分合理利用当地饲料资源为前提,也要根据需要适当从外地购买部分精料。肥育羊的饲料种类应多样化,尽量选用营养价值高、适口性好、易消化的饲料。其中精料一般要有玉米、大麦、豌豆、油渣、麸皮等;块根块茎饲料可选用洋芋、胡萝卜、饲用甜菜等;粗饲料主要选用人工种植的苜蓿、燕麦青干草及各种野生青干草,豆秸、玉米秸等农作物秸秆;多汁饲料、青绿饲料主要是玉米青贮料及各类青草等;粉渣、酒糟、甜菜渣等农业加工副产品也可适当选用。另外,还需准备一定量的微量元素添加剂、维生素、抗生素添加剂以及食盐、骨粉等。

3. 肥育羊准备　肥育羊的来源,一是自群繁殖,二是购入。根据肥育条件和市场销路,确定每次肥育羊数量。同期肥育羊应尽可能选用性别、年龄相同,体重相似的羊,或按性别、年龄、体重相似原则分组,这样便于饲养管理和同期出栏上市。

肥育羊在开始肥育前,要进行预防接种和驱虫。为预防传染病,所有肥育羊都要皮下或肌内注射三联苗(羊猝狙、羊快疫、肠毒血症)或五联苗(羊快疫、羔羊痢疾、羊猝狙、肠毒血症、黑疫)5毫升,14天后即产生可靠免疫力,免疫期半年至1年。为了提高肥育效果,驱除和消灭体内外寄生虫是必须进行的准备工作。选用0.025%～0.03%的林丹乳油水溶液或0.05%的辛硫磷乳油水溶液进行药浴或喷淋,可消灭羊的疥螨、痒螨、硬蜱等体外寄生虫;选用下列药物中的任何一种可驱除羊的体内寄生虫:10%敌百虫,按每千克体重0.1克剂量灌服;或抗蠕敏,按每千克体重7～10毫克剂量灌服;或灭虫丁,按每千克体重0.2克剂量灌服。近年新研制的一种驱虫药阿维菌素(即"虫克星"),是一种对体内体外寄生虫均有效的广谱驱虫药,剂量按每千克体重200微克皮下注射或每千克体重300微克口服均可,效果很好。

(二)肥育羊饲养标准与饲料配方

1. 饲养标准　这里提出的全舍饲肥育饲养标准,是以4月龄左右断奶羔羊为肥育对象制定的(表5-1)。成年羊的饲养标准,则应在此基础上适当降低蛋白质的份量,增加能量的份量。对于半舍饲肥育羊的舍饲量,则需根据每日放牧采食的营养量酌情供给。

表 5-1　羔羊肥育饲养标准

体重 （千克）	日增重 （克）	每只每日干物质		总消化 养　分 （千克）	代谢能 （兆焦）	粗蛋白质 （克）	钙 （克）	磷 （克）	食盐 （克）
		用量 （千克）	占体重 （％）						
15	150	0.8	5.5	0.70	8.4	125	5.4	2.6	4.0
20	200	1.2	6.0	0.92	13.8	140	6.5	2.9	5.5
25	250	1.4	5.6	1.10	20.1	167	7.2	3.4	7.0
30	250	1.5	4.3	1.14	20.9	160	8.6	4.3	8.0
40	250	1.5	3.8	1.14	20.9	160	8.6	4.3	8.0
50	250	1.5	3.0	1.14	20.9	160	8.6	4.3	8.0

注：①每只羊每日实际饲喂量＝每只每日干物质用量÷所用饲料干物质％

　　②1千克总消化养分＝18.4兆焦消化能；　代谢能＝消化能×0.82

2. 饲料配方　应根据羊的肥育营养需要和可以提供的饲料种类结合进行配制。下列几种饲料配方，仅供参考（表5-2）。在实际应用时，应根据实际效果作适当调整。

表 5-2　肥育羊日粮配方组成　（％）

肥育羊类别		各类当年羔羊 （体重 10～30 千克）			各类成年羊 （体重 30 千克以上）		
配　方　编　号		Ⅰ	Ⅱ	Ⅲ	Ⅰ	Ⅱ	Ⅲ
精饲料组成（％）	玉　米	40	60	50	60	40	60
	大　麦	10	—	10	—	—	—
	燕　麦	10	—	—	—	10	—
	豌　豆	10	20	10	—	—	10
	油　渣	20	10	10	20	30	20
	麸　皮	10	10	20	20	20	10
	合　计	100	100	100	100	100	100

肥育羊类别		各类当年羔羊 (体重10~30千克)			各类成年羊 (体重30千克以上)		
配方编号		I	II	III	I	II	III
粗饲料组成(%)	苜蓿干草	20	20	—	20	—	10
	燕麦干草	20	—	10	20	—	10
	玉米秸秆	30	30	20	30	30	40
	豆类秸秆	30	30	50	30	50	40
	杂类草	—	20	20	—	20	—
	合 计	100	100	100	100	100	100

注①若当地有洋芋、胡萝卜或青贮料,每羊每日可加喂0.5~1千克,酌减粗饲料喂量

②若有酒糟、粉渣、甜菜渣等加工副产品,每羊每日可喂0.5~1千克,酌减精料、粗饲料喂量

③每羊每日另外加喂食盐5~10克,骨粉5克,其他添加剂按实际需要和使用说明补给

在具体实施肥育时,精料和粗饲料的饲喂量及其配合比例,可根据实际情况,参照下列方案(表5-3)。

表 5-3　肥育羊饲料干物质喂量 （单位:千克）

肥育羊类别		各类当年羔羊 (体重10~30千克)						各类成年羊 (体重30千克以上)					
配方编号		I		II		III		I		II		III	
饲料类别		精料	粗料	精料	粗料	精料	粗料	精料	粗料	精料	粗料	精料	粗料
体重(千克)	15以下	0.4	0.4	0.32	0.48	0.24	0.56	—					
	20	0.6	0.6	0.48	0.72	0.36	0.84	—					
	25	0.7	0.7	0.56	0.84	0.42	0.98	—					
	30以上	0.75	0.75	0.60	0.90	0.45	1.05	0.75	0.75	0.60	0.90	0.45	1.05

注:此表均为干物质饲喂量。实际喂量需按表5-1注中所列计算方法折算

（三）肥育羊饲养管理技术要点

第一，拟计划肥育的公羔，若在5月龄左右出栏上市，最好不要去势，这样其生长发育快，增重效果好；若在6月龄以后出栏，则应在2～3周龄去势。长瘦尾型羊种的羔羊还应同时断尾。所有羔羊均应在出生后半月龄左右开始训练采食草料，增强羔羊采食和消化利用饲料的能力，以利于日后有好的肥育效果。

第二，肥育期一般为2～2.5个月。为使肥育羊在开始肥育饲养时即能适应新环境和习惯采食肥育饲料，在正式肥育前应有15天左右的预饲过渡期。预饲开始时即应进行预防接种和驱虫。预饲期间逐步控制饲料变化，到预饲期结束时完全过渡到使用肥育饲料。这一过程大致分三步走：第一步3天，只喂干草，自由饮水；第二步为6天，日粮仍以干草为主，逐步增加精料量；第三步为6天，进一步加大精料量，在正式肥育前3天日粮应完全过渡到肥育期所用的配方饲料。在正式肥育开始时，如有条件可在羊耳后皮下埋植"畜大壮"增肉剂药丸1粒（12毫克），可提高肥育效果。

第三，所用饲料应精细加工调制。精料要粉碎，并按配方要求配制成混合精料，贮存待用；干草和秸秆要粉碎成草粉，分别贮存，使用时按日粮配方与精料混合配制，要求搅拌均匀。饲喂前，向混合料中加入各类添加剂和适量的水，拌湿拌匀后即可投入饲槽饲喂。块根块茎类（要洗净、切块）、青草类（应铡短）以及青贮玉米等饲料，均需按日粮配额分别饲喂。

第四，严格按照饲养管理日程进行操作。肥育羊的日粮定额一般按每日2～3次定时定量喂给。具体时间可根据实际条件灵活掌握，但饲喂的间隔时间至少在5小时以上。为防止羊抢食和准确观察每只羊的采食情况，应训练羊养成在固定饲槽号位上采食的习惯。羊舍内或运动场内应备有饮水设施,定时供给清洁饮水。

下面介绍一例舍饲肥育羊饲养管理日程表,供参考。

7 时 30 分～9	清扫饲槽,第一次饲喂;
9 时～12 时	将羊赶到运动场或附近草地,打扫圈舍卫生(定期消毒);
12 时～14 时 30 分	羊饮水,卧息;
14 时 30 分～16 时	第二次饲喂;
16 时～18 时	将羊赶到运动场或附近草地,清扫饲槽;
18 时～20 时	第三次饲喂;
20 时～22 时	羊只卧息,饮水;
22 时以后	饲槽中投放铡短的干草类饲料,供羊夜间自由采食。

第五,圈舍、饲槽、饮水设施等要经常保持清洁卫生,圈舍地面要保持干燥,肥育开始前要进行一次彻底的清扫和消毒,肥育期间每半月左右消毒一次。消毒可用1:500的消毒灵或1:300的强力消毒剂喷淋,也可选用菌毒灵或敌菲特等药剂。这些消毒药剂安全可靠,效果好。

第六,肥育期间,每隔10天或半个月给羊称重一次,以检测肥育效果。称重要在早晨空腹状态下进行,要求固定5%～10%的羊跟踪称重。然后根据每次称重结果,进行对比分析,发现问题,及时调整饲料配方和定额,以求获取最佳肥育效果。舍饲肥育羊通过实施强度肥育,日增重应在200克以上,当肥羔活重达到35～40千克时,即可考虑出栏。

第四节 绵羊的放牧

绵羊是适于放牧的家畜,草原牧草是它的主要饲料。多数绵羊品种,在长期放牧过程中得到充分的运动和各种气候条件的锻炼,有利于体躯各部位和器官的均衡发育,提高抗病力。反之,如长期舍饲,不仅食欲减退,消化和利用饲料的能力降低,且容易发病。因此,不但要求夏秋季节多放牧,即便在寒冷的冬季,除大风雪天气外,也应该尽量争取放牧。

从世界范围看,羊肉生产特别是肥羔的生产,已逐步采用工厂化集约化生产的方式。但根据国内绵羊生产现状和农业生产及机械化尚未达到高度发展的具体情况,今后较长时期内,还是应该充分利用我国丰富的天然牧场资源。放牧既然是养羊的一种重要方式,因而羊群营养状态的好坏及生产性能的高低,都与放牧的组织工作有密切关系。绵羊放牧饲养管理科学化,是合理利用草地资源和提高养羊业生产效率的基础。熟悉羊的生活习性,掌握羊的采食规律,善于勤于管护羊群,通晓放牧草地上的水源、饲草状况和地形地貌是放牧人员必须具备的条件。

一、组织羊群

合理地组织羊群,既能节约劳动力,又便于羊群的管理。广大牧区应根据绵羊品种、性别、年龄、生产性能和草场情况等合理组织羊群。

编群是否合适,对放牧好坏很有影响。羊群由于品种不同,放牧时有的走得快,吃得欢;有的走得慢,啃草不欢。如果把它们编在一起,就会使走得快的吃好草,走得慢的吃剩草。

有的羊吃得快饱得快,有的羊吃得慢饱得慢,需要采食的时间也不一致,会给放牧造成困难。不同种类的羊如地方品种羊、杂种羊、纯种羊最好不要混编。年龄不同的羊编在一群也不方便。羔羊、幼年羊生长快,宜在平坦、草矮的好牧地上放牧;大羊则尽可能利用高低不平的牧地。公、母羊应该分群放,不然会彼此打扰,抓不好膘,甚至形成乱配。最好在羔羊离乳或剪毛时进行编群,免得多次抓羊影响放牧。

在牧区,细毛、半细毛种公羊群以 150～200 只为宜,幼龄公羊 200～300 只一群,成年母羊 200～250 只一群,幼龄母羊 250～300 只一群,去势羊 300～350 只或编更大的群。杂种羊和粗毛羊在管理上要求较低,群可适当加大。

农区绵羊只能在田坎、路旁、渠边、过道等处放牧,羊群宜小,否则不易控制,糟蹋庄稼。

二、四季牧场的选择和放牧特点

广大牧区的气候特点是冬严寒而夏酷热,牧场有漫长的枯草季节,这就需要一套因地、因时制宜的放牧技术。牧工对四季牧场及其放牧特点,积累了丰富的经验,并以歌谣的形式表达出来,如:"春放洼,秋放沟,六月七月放岗头";"春放平川免毒草,夏放高山避日焦,秋放满山吃好草,冬天就数阳坡好";"一天三个饱,过冬安全好,一天一个饱,性命也难保"等等。现将四季牧场的选择和放牧中应注意的问题略述如下。

(一)春　场

春季虽较冬季略暖,但气候极不稳定,忽冷忽热,温差很大,间而风雪侵袭,是羊群最乏瘦的时期,放牧不当很容易造成损失。

春场多靠近冬场,宜选择平原、川地、盆地或丘陵地及冬季未能利用的阳坡。这些地方气候较暖,化雪早,牧草萌生也早。在半农半牧区,可把羊群赶到村落附近,以便防寒和积肥。

绵羊经过漫长的冬季,营养水平下降。春季放牧的要求是让绵羊及早恢复体力,给以后放牧抓膘创造条件。

羊群啃食一冬枯草,一进入春场,在牧草萌生时喜欢"抢青",这时放牧方法很重要。如何防止羊群"抢青"是春场放牧的关键。一般宜慢放,前挡后让,不要让羊过多奔跑,消耗太多体力。为了避免羊群"抢青"和由此而引起的腹泻,由冬场转入春场要逐渐过渡,譬如在出牧时先在枯草地上放牧一会儿,等羊半饱后再赶到青草地上,待羊习惯于采食青草,消化器官适应后,再充分采食青草。春季放牧要特别注意天气变化,发现天气有变坏预兆时,及早赶到羊圈附近或山谷地区放牧,以便风雪来临时随时躲避。

根据春季气候特点,出牧宜迟,归牧宜早,中午可不回圈,使羊群多吃些草。产羔时期放牧母子群时,须注意防止丢羔。母羊频频叫喊,很可能是丢羔,应速回原放牧路线,在草丛中仔细寻找,因羔羊常贪睡掉群。也可以把羊群赶回原来放牧过的地方,母羊的叫声也能找回羔羊。放牧待产母羊群时,归牧时要注意观察,看有无即将分娩的母羊落群,如有应及时照料。

(二)夏 场

夏季气候炎热,低处闷热且有蚊蝇滋扰。如果在洼处放牧,羊不安于采食,影响抓膘,甚至因营养不良而推迟发情和配种。因此,夏季应到高山牧场放牧,这里天气凉爽,牧草丰盛,有利于羊群的放牧抓膘。

夏季要加强放牧,尽量延长放牧时间。出牧宜早,归牧宜迟,使羊群尽可能每天吃三个饱。抓好夏膘是羊群安全越冬的关键。

细毛羊群和半细毛羊群,夏季也要早出牧,但为了防止吃带露水草引起胃肠臌胀,最好不要在大露水地,特别是有露水的人工牧场上放牧。

为了延长羊群夏季放牧采食时间,中午可不赶羊回圈;但在最热的时候,可选择高燥凉爽的地方,让羊群卧憩。如天气太热,中午羊卧憩时间延长,可进行夜牧,但要特别注意防狼。

(三)秋　场

秋季天气逐渐变冷,羊群要从高山牧场向低处转移,这时可选择牧草丰盛的山腰和山脚地带放牧。

秋季绵羊营养较好,可尽量利用距离较远的牧地。秋季放牧的主要任务是在夏膘的基础上抓好秋膘,利于越冬。

秋季也是多种牧草抽穗结籽的时期,牧草籽穗营养价值很高,应多在这类地区放牧。在农区或半农半牧区,收过庄稼的田里往往遗留少量谷穗,田边则常长有青草,这时羊群可在茬地放牧,茬地利用时间虽短,但对羊群营养有较大补益。秋季已有早霜,羊群最好晚出晚归,中午继续放牧。

(四)冬　场

冬季气候寒冷,风雪频繁,应选择地势较低和山峦环抱的向阳平滩地区去放牧。冬场放牧时不要游走过远,这样碰到天气骤变才能很快返场,保证羊群的安全。

冬季放牧的任务是保膘、保胎和安全生产。牧区冬季很长,草场常感不足,应尽量节约牧地。应先远后近,先阴后阳,先高后低,先沟后平,晚出晚归,慢走慢游。如有可能,可在羊圈附近处留下些牧地,以便坏天气时放牧救急。

细毛羊和半细毛羊,由放牧转为补饲不可骤然改变,以免引起肠便秘。

羊群进入冬场前,最好进行整群。除老弱羊和营养太差的羊适当淘汰外,其余按营养状况组群放牧。此外,进冬场前有必要修一次蹄,修理畸形蹄和过长蹄,便于绵羊扒雪寻食。

三、划区轮牧

四季放牧是我国当前利用天然草场的主要方式,它把草场按季节分为不同的放牧地带,但在一个放牧季内,多沿用自由放牧这一比较粗放的管理方法,使得我国大多数地区冬春季草场紧张,放牧易于过度,致使草场植被退化,载畜量降低。为了合理地利用草场,进一步发展养羊业,必须逐步推行划区轮牧。划区轮牧,就是先把草场划分成"四季牧场",然后在每季草场上,再按羊群大小、营养需要以及牧草生长质量和产量、地形、地貌、水源分布等条件分成若干小区,用围栏把牧场小区围起来,以限定羊的采食范围。羊群按规定的小区顺序轮回放牧,逐区采食。这样,始终保持有数个小区轮回休养生息,牧草有一个恢复再生的机会。所以,划区轮牧是合理利用草地的一种科学放牧方式,其突出的好处是:①能够充分合理地利用和保护草地资源、提高其载畜量;②降低羊群远距离放牧游走消耗的能量,提高羊只增重效果;③可大大降低羊寄生虫病的感染率;④可减轻牧羊人的劳动强度。

划区轮牧技术是一项系统工程,应当按照下列运作程序实施。

第一,首先要根据草场类型、面积、地形、地貌和产草量等确定轮牧区草场载畜量。

第二,按羊群大小(羊只数量)、营养需要量、放牧时间和牧草再生速度划分小区,确定小区面积和小区数。通常是按照轮牧一次需 6~8 个小区,每个小区的放牧天数按 6 天计算。

第三,根据牧草再生速度确定轮牧周期。牧草再生速度取决于当地水热条件。一般干旱草原的小区轮牧周期为 30～40天,湿润草原 30 天左右,森林草原 35 天左右,高山草原 35～45 天,半荒漠及荒漠草原 30 天左右。

第四,确定小区放牧频率。即在一个放牧季节内每个小区的放牧次数。一般干旱草原为 2～3 次,湿润草原 2～4 次,森林草原 3～5 次。

第五,实施划区轮牧的草地,还必须配套饮水、补饲、羊群休息、遮阳避风雨等基本设施,还应当有轮牧区草场管理用的补播、施肥、灌溉等设施。

四、放牧队形

放牧队形是在放牧过程中控制羊群活动的方式,因草场地形、植被状况等而异。放牧队形的运用,在于有效地控制羊群采食、游走和卧息时间,以便有效地利用牧场。

基本放牧队形有一条鞭和满天星两种形式,其他队形较为少见,而其他队形也是由以上两种队形演变而来的。

一条鞭队形适用于较平坦的地区和植被均匀的牧地。把羊群排成大致的一字形横队,牧工在横队前面左右走动并缓步后退,挡住强羊,不让其游走过快,使整个羊群成横排齐头并进。当大部分羊吃饱后,就会出现卧息趋势,此时牧工也停止走动,羊群卧息一会儿后再继续放牧。地方品种羊比较容易控制,只要稍加训练就行;而高代杂种羊或育成品种羊,合群性稍差,且性情迟钝,需经过耐心训练方可适应。

满天星队形适用于牧草特别丰盛或稀疏的丘陵牧地,让绵羊比较均匀地散布在一定范围内自由采食,牧工在周围控制羊群。散布面积的大小,要根据群的大小和植被密度等决定。

不论采取哪种放牧队形,都是为了放牧好羊群,所以绵羊营养状况是衡量放牧技术优劣的客观标准。

第五节　绵羊的补饲与安全越冬

一、绵羊的补饲

(一)补饲的意义

绵羊的补饲是指在放牧条件下,放牧采食的饲料量不能满足其正常营养需要时,而在放牧归圈后给羊加喂一定量的饲料。

我国广大牧区和半农半牧区,一般冬春枯草季长达半年左右。在这段时间里,完全靠放牧采食的枯草不能满足绵羊的营养需要。特别是对细毛羊、半细毛羊及其改良羊更是如此。如果不给予必要的补饲,绵羊势必要动用体内贮存的营养,即消耗体脂肪、体蛋白质,其结果是羊只慢慢地掉膘消瘦、乏弱,严重者死亡。即所谓"夏活、秋肥、冬瘦、春乏(死)"的靠天养羊的必然结果。要实现科学养羊,改变这种状况,冬春枯草季节进行补饲是羊只安全过冬越春所必需,也是提高养羊经济效益的需要。补饲的重点是种公羊、怀孕后期(怀孕期第四至五月)母羊、哺乳前期(哺乳期第一至二月)母羊、当年越冬春期育成羊(5~18月龄),详见本章第二节。

(二)补饲的技术措施

1. 生产贮备足够的补饲草料

(1)生产和贮备优质饲草　优质的豆科和禾本科青干草是绵羊冬春枯草期获取能量、蛋白质、矿物质和维生素营养的良好来源。为获得优质干草，一定要把握好种、收、藏三个环节；同时有条件的，最好在夏秋季节收藏野生青干草，以尽可能更多地贮备补饲草料。第一，要建立青干草生产基地，要按当地自然条件和生产条件选种适宜的牧草品种和种植面积。第二，所种牧草一定要适时收割。比如像苜蓿等豆科牧草最适宜的刈割期是孕蕾到初花期，像燕麦等禾本科牧草是抽穗初期。此阶段是牧草营养价值最好、产量最高的时期。第三，牧草要采用科学的方法干燥和贮藏。通常调制干草的方法有田间干燥、草架干燥和人工干燥，可根据当地条件选用。无论采用哪种干燥方法，其基本原则是尽可能地避免长期曝晒、风吹雨淋，尽可能地减少嫩枝叶的损失，要及时打捆堆垛，妥善保存贮藏。对适宜做青贮的青饲料尽可能进行青贮，因为青贮能更好地保存饲料的营养成分。

（2）贮备一定量的精料　玉米、大麦、燕麦、青稞、豆类、糠麸和油饼（粕）等都是羊补饲常用的精料。对种公羊还应贮备一定量的动物性蛋白质饲料，如血粉、肉粉等。

（3）贮备一定量的农作物秸秆　对我国大部分农牧区来讲，农作物秸秆是最容易获取的羊的粗饲料，量多价廉，是羊群冬春补饲的重要饲料来源。为了提高秸秆类粗饲料的消化利用率，需要对其进行物理、化学处理。当前，最简单、最实用的调制方法是秸秆的氨化处理，这也是成本最低、最容易推广的方法。其具体操作方法是：按每100千克秸秆加入25%的氨水12千克的比例，装窖密封5～7天，冬季天冷可延长到10～20天；或用0.15～0.2毫米厚的聚乙烯薄膜密封草垛10天左右，冷天延长到20天。启封后，通风一昼夜，待氨气味消失后，即可饲喂。氨化的作用是碱化秸秆，增加含氮量。秸秆类粗饲料通过氨化处理后，大大提高了羊只的采食量和消化率,从而提高了秸秆的营养价值。其次,在补饲草料中加入少量能量饲料和蛋白质饲料,可促进羊只更好地采食和利用粗饲料,尤其是秸秆类低质粗饲料。

(4)贮备一些配合饲料 有条件的地方,尽可能地贮备一些加工的配合饲料,或颗粒饲料,或者调制成的干草粉。

2. 合理搭配补饲饲料 补饲饲料的合理搭配是提高补饲效果的重要手段。补饲饲料的搭配应参照饲养标准,并以粗料为主,再用精料和某些添加剂补充调整,以提高补饲饲料中营养物质的平衡性。在没有条件按饲养标准配制补饲饲料时,应采用多种饲料配制成混合料,使营养物质得以互补,从而提高饲料的利用效率,要改变有啥饲料喂啥饲料的习惯做法。比如,在补饲料中添加一些矿物质添加剂,对改善羊只健康和提高其生产性能会有明显作用。可将矿物盐均匀地混在精料中补饲,也可制成含盐的舔砖供羊自由舔食。

3. 科学配制补饲料和确定补饲量 生产实践中,往往较难确定绵羊的放牧采食量。现将中国美利奴羊不同生理阶段冬春放牧采食的营养物质列于表5-4,供配制补饲料和补饲量时参考。

表5-4 中国美利奴羊冬春放牧采食营养物质量

| 生理状态 | 体重
(千克) | 干物质
(千克) | 代谢能 | | 粗蛋白质
(克) | 钙
(克) | 磷
(克) |
			(兆焦)	(兆卡)			
	40	0.58	2.80	0.67	62.7	4.48	2.98
妊娠后期	50	0.68	2.80	0.67	74.1	5.30	3.52
	60	0.78	3.22	0.77	84.9	6.07	4.04

生理状态	体重（千克）	干物质（千克）	代谢能		粗蛋白质（克）	钙（克）	磷（克）
			（兆焦）	（兆卡）			
泌乳前期	40	1.116	7.72	1.85	237.9	9.09	3.97
	50	1.319	9.10	2.18	281.2	10.75	4.69
	60	1.512	10.44	2.49	322.4	12.32	5.38
育成母羊	20	0.224	1.37	0.32	14.0	1.20	0.07
	30	0.304	1.84	0.44	18.9	1.63	0.10
	40	0.377	2.28	0.55	23.5	2.02	0.12
育成公羊	20	0.187	1.15	0.28	10.5	0.99	0.06
	30	0.254	1.54	0.37	14.2	1.35	0.08
	40	0.316	1.91	0.46	17.7	1.68	0.10
	50	0.373	2.26	0.54	20.9	1.98	0.12

表 5-5 中列出中国美利奴羊不同生理阶段的母羊补饲饲粮配方,供参考。

表 5-5　中国美利奴母羊冬春补饲配方范例*

饲料名称	妊娠前期	妊娠后期	泌乳前期
禾本科青干草（千克）	0.5	1.0	—
混合精料（千克）	0.2	0.4	0.3
青贮玉米（千克）	—	—	2.0
合　计	0.7	1.4	2.3

续表 5-5

饲料名称	妊娠前期	妊娠后期	泌乳前期
营养水平			
干物质(千克)	0.63	1.26	0.75
代谢能(兆焦)	5.69	11.38	7.32
粗蛋白质(克)	77	153	37
钙(克)	2.5	4.9	4.1
磷(克)	1.1	2.2	2.3

＊以 50 千克体重母羊为例

表 5-5 中妊娠期混合精料的配比(%)为:玉米 50,葵花籽粕 20,棉籽粕 20,麸皮 9,食盐 1。每千克风干物的代谢能为 10.63 兆焦,粗蛋白质 26.9%。泌乳期混合精料配比为(%):玉米 75,葵花籽粕 15,麸皮 9,食盐 1。每千克风干物代谢能为 10.96 兆焦,粗蛋白质 11.4%。

育成羊补饲饲料配方见表 5-6。

表 5-6 中国美利奴羊育成羊冬春补饲饲料配方范例 (千克/日)

月 份	育成公羊			育成母羊		
	混合精料	青干草	草 粉	混合精料	青干草	青贮玉米
11	0.4	0.50	—	0.15	0.35	—
12	0.8	0.50	—	0.15	0.50	—
1	0.8	0.50	青贮 0.6	0.35	0.60	0.45
2~3	0.9	0.50	0.65	0.45	0.60	0.45
4	0.8	0.50	0.65	0.50	0.60	—
5~6	0.8	—	0.65	0.38	0.20	—

表 5-6 中育成公羊混合精料配比（%）为：玉米 69，豆饼 10，葵花籽粕 10，麸皮 7，贝壳粉 1，尿素 1.5，食盐 1，硫酸钠 0.5。每千克风干物代谢能为 12.22 兆焦，粗蛋白质 13.4%。育成母羊混合精料配比（%）为：玉米 71，葵花籽粕 18，麸皮 7，骨粉 1，尿素 1.5，食盐 1，硫酸钠 0.5。每千克风干物代谢能为 11.84 兆焦，粗蛋白质为 12.4%。

表 5-7 中列出某地制定的绵羊补饲定额，供参考。

表 5-7 每只绵羊每年补饲量

区　　分	补饲天数	补　饲　量（千克）		
		干　草	多汁料	混合料
种　公　羊	365	365	80	200
成年母羊	180	120～180	100～120	30～40
育成公羊	180	120～180	50～80	30～40
育成母羊	180	100～150	40～60	20～30
哺乳羔羊	100	50	—	20

注：①混合料以燕麦、麸皮、饼粕或豌豆为好，应就地取材

②成年母羊，干草主要在哺乳和怀孕期补饲，精料主要在哺乳前期和怀孕后期补饲，多汁料主要在哺乳期补饲

③羊群营养状况差的用高限，营养好的和杂种羊用低限

④此表适用于细毛羊、半细毛羊及其杂种羊

4. 适时补饲　一般每年 11 月份，羊群放牧吃不饱开始掉膘，补饲就应从此开始，直到翌年 5～6 月份。若发现羊只跟不上放牧羊群时，再补饲就迟了，就会影响补饲效果。及时补饲是提高补饲效果的重要一环。谚云："早补补在腿上，晚补补在嘴上"。这话是有道理的。

5. 补饲方法

(1)粗饲料补饲　粗饲料一般日补一次，于每日放牧归圈

后先喂精料，然后补饲粗料。春季牧草萌发期，应在出牧前早晨增喂一次粗饲料。粗饲料最好将长草铡短放入饲槽喂，以免浪费。

(2)精料补饲　精料日补次数决定于喂量。日补量0.4千克以下，可在归牧后一次饲喂；日补量0.5千克以上，则需在出牧前和归牧后各喂一次。

(3)多汁饲料补饲　若补饲多汁饲料，应在归牧后喂完精料后即喂，多汁饲料补完后再补粗饲料。

(4)根据体况分群补饲　考虑到羊只体况的差别，必要时要把营养体况差的羊挑选出来另组群分开补饲，待其体况好转后再与大群合喂。

(5)严防抢食　对于补饲羊群，在放牧归圈途中一定要控制住羊群。即牧羊人走在羊群的前面压住领头羊，严防羊群过早奔跑抢食。

(三)尿素添加饲喂技术

为补充绵羊冬春季节蛋白质营养不足，在补饲草料中添加适量尿素，可得到明显效果。自20世纪50年代以来，反刍动物饲喂尿素已广泛开展。例如美国20世纪50年代饲用尿素量为6万吨，到80年代则达到100万吨以上。

纯尿素含氮约47%，饲用尿素含氮量42%～45%。1克尿素相当于2.6～2.8克饲料蛋白质，用尿素代替部分饲料蛋白质是经济合算的。

1. 饲喂尿素的技术原则

(1)喂量必须严格控制　一般按羊只体重的0.02%～0.05%喂给，即每10千克体重2～5克，或者按日粮中干物质的1%～2%喂给。

(2)不能单独饲喂　应与其他饲料混合均匀后，每日量分

2～3 次喂给。这样做既可提高尿素利用率,也可避免尿素中毒。

(3)尿素与糖浆混合饲喂　尿素和糖浆按 1∶4 比例混合后饲喂效果更好。糖浆是制糖工业的副产品。糖浆能使尿素均匀混合,增加适口性,而且这一混合物是瘤胃微生物极好的培养基。

(4)补充硫和磷　添加饲喂尿素时,在补饲日粮中增喂适量的骨粉、硫酸钾或硫酸钠,即补充硫和磷元素,可大大提高尿素的利用率。

(5)饲喂尿素的注意事项

①要连续饲喂,不要中断,以免瘤胃微生物的适应过程遭到破坏;

②处在饥饿状态的羊和病弱羊不宜喂尿素;

③不宜和豆类饲料(豆粒、干草等)混合饲喂,因为它们含有分解尿素的脲酶,尿素分解过快易引起羊中毒。

2. 尿素中毒的预防和治疗

(1)中毒机制　当瘤胃内容物中尿素含量达到 8～12 毫克/毫升时,可引起中毒。这是由于尿素分解产生大量氨,被血液吸收,引起血液酸碱平衡失调所致。轻者精神不振,重者呼吸困难,心跳加快,反刍停止,卧地不起,严重者可窒息而死。中毒症状一般在饲喂过量尿素 20～30 分钟后出现。

(2)预防和治疗办法　首先一定要严格遵守饲喂尿素的技术原则:有条件的,在调制玉米青贮料时,按每吨青贮原料加入 5 千克尿素量,既安全又可提高青贮料蛋白质营养 70%,同时经青贮酸酵后,减少了中毒的可能性。一旦出现中毒症状,急救办法是静脉注射 10%～25% 葡萄糖 100～200 毫升/次,或经口灌醋 500～1 000 毫升。

二、绵羊的安全越冬

保证羊群安全越冬的主要措施中,除了前面讲的补饲问题外,还必须做好以下几个方面的工作。

(一)抓好夏秋膘

抓好夏秋膘是避免绵羊春乏和保证羊群安全越冬的关键。多年的实践证明,充分利用夏秋季良好的气候和牧草条件加强放牧,尽可能延长放牧时间,使羊营养良好,入冬后掉膘慢,可以增强抵抗春乏的能力。

(二)调整羊群和合理淘汰

每年入冬之前,应根据羊的年龄,尤其是营养状况调整羊群,让营养相近的羊组成一群放牧。其好处:一是弱群在近处放牧,强群在较远的牧地放牧,能充分利用牧场;二是便于照顾乏弱羊群,及时合理地补饲。

每年秋季,要检查一次羊群,凡久病不愈、体小瘦弱、长期空怀、年老体衰难以越冬以及生产性能低的个体,趁秋肥及时淘汰处理,这是实施季节养羊业,提高养羊经济效益的合理措施。

(三)修建棚舍

棚圈设备是帮助羊群抵御风寒,减少绵羊体力消耗和安全越冬的保证条件,特别是杂种羊和育成品种羊,抵抗恶劣气候的能力差,防寒棚舍尤为需要。在高寒地区,冬季推广使用塑料膜暖棚养羊,是一项经济效益良好的实用技术。尤其对怀孕产羔母羊来讲,棚圈设备是母子安全越冬的必须具备的条件,其所需面积,冬季产羔母羊为 $1.4\sim2$ 米^2/只,春季产羔母羊为 $1.1\sim1.6$ 米^2/只。

第六节　绵羊的管理

一、合理安排生产环节

绵羊是以放牧为主的家畜,在生产过程中要尽可能增加有效放牧时间。由于某些生产环节而影响放牧时,要给予适量的补饲。每一生产环节安排的基本原则是尽量争取在较短时间内完成,如配种工作,一般应争取 1 个月左右结束。配种时间拖长,必然产生不良后果:一是影响秋冬季放牧;二是延长产羔时期。这不仅使羔羊发育不一致,造成编群和培育的困难,更严重的是影响以后各生产环节的安排,打乱整个管理秩序。

养羊生产环节是指在一个生产年度的周期内,在组织绵羊生产上所必须进行的生产管理工作。主要包括鉴定、剪毛、配种、产羔和育羔、羔羊的断奶和分群。生产环节有主次之分,必须着重考虑安排好主要的生产环节,整个生产就会有条不紊;反之,如果主要环节安排不当,就会打乱整个生产秩序,造成工作中的混乱和生产上的损失。主要生产环节是产羔和剪毛。

(一)产羔工作的安排

安排产羔应结合绵羊品种、气候、饲养管理水平等因素统一考虑。关于冬、春羔的优缺点的比较,已在"绵羊的配种"中做过分析,根据上述分析认为:

第一,如果某地、某场的气候、牧草和饲养条件较好,即气候较暖,青草萌发较早,枯草季节较短,具备保暖的棚舍和较充足的饲料,则以产冬羔为宜;

第二,如果上述条件较差,但还有一定的保暖和补饲条件,则以产春羔为宜。

确定产羔时间后,即可根据产羔的时间推算配种的时间,并坚持在计划时期内结束配种工作。

(二)剪毛工作的安排

剪毛时间主要是根据气候条件安排,但也受其他生产环节影响。譬如,配种时间拖长,产羔势必拖后,这样羊群放不好头青,本来已到剪毛时间,会因营养过差而推迟剪毛。

剪毛应当在气候已经变暖且变化不大,牧草已经长起,羊群已抓好头青,营养状况已经恢复的时候进行。如果提前剪毛,可能因气候多变而造成损失;反之,如推迟剪毛,则可能因脱毛而受到损失,更要紧的是影响出圈和抓好夏膘,耽误下一个生产环节的安排。

绵羊剪毛因各地气候不同,时间难于一律,一般在5～7月份进行。

如果我们确定4月中旬开始产羔,剪毛在6月中旬进行,那么配种就应当安排从11月中旬开始,断奶分群必须是在8月间,鉴定工作应当安排在6月初。

每个生产环节应于最短时间内完成,必须在人力、物力、技术上以及羊群营养等方面做充分准备。在完成每个生产环节的过程中,应尽可能保证有足够的放牧时间。

全年生产环节安排妥当后,还应根据具体条件的变化,随时调整或改变。

二、编　号

绵羊编号是育种工作必不可少的,有了个体编号才能做各种育种记载,进行选种和选配。等级编号,便于识别绵羊的等级。

（一）个体标记

多用带耳标的方法。耳标用铝或塑料制成，有圆形、长方形两种，圆形较好。耳标用以记载羊的个体号、品种符号及出生年份等。用特制的钢字钉把号数打在耳标上，上边第一个数字，是羊出生年份的最后一个字，后边才是羊号，如9001 即指 1989 年生的 1 号公羊。公羊用单数，母羊用双数，每年从 1 号和 2 号编起。耳标如图 5-3 所示。

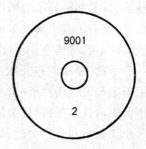

图 5-3　圆形耳标

2 代表品种

9 代表 1989 年生

1 表示是 1 号公羊

（二）等级标记

用刻耳钳在耳上打缺口的方法表示等级。耳尖打一缺口代表特级，耳下缘打一缺口代表一级，耳下缘打两个缺口代表二级，耳上缘打一个缺口代表三级，耳上、下缘各打一个缺口代表四级。纯种细毛羊和半细毛羊的等级标记打在右耳，杂种羊打在左耳。

三、剪　毛

（一）剪毛时期与次数

细毛羊、半细毛羊和杂种羊的剪毛，以 1 年剪一次为正常，剪两次的毛则降低了使用价值。剪毛时间因各地气候不同而异，以西北地区而言，陕西约 5 月中旬剪毛，新疆伊犁地区约 5 月底剪毛，甘肃河西地区及青海西部约 6 月中旬剪毛，甘南和青海南部约 7 月中旬剪毛。

（二）羊群的准备

按照剪毛计划及时调整羊群，以保证剪毛工作的顺利进行。

剪毛应从低价值羊开始。同一品种羊，应按羯羊、试情羊、幼龄羊、母羊和种公羊的顺序进行。不同品种羊，应按粗毛羊、杂种羊、细毛羊或半细毛羊的顺序进行。这样，剪毛人员用价值较低的羊熟练剪毛技术，以保证能把高价值的羊毛剪好。

剪毛前 12 小时停止放牧、饮水和喂料，以免剪毛时粪便污染羊毛和发生伤亡事故。细毛羊在剪毛前应先把羊群赶到狭小的圈内让其拥挤，使油汗溶化，便于剪毛。

患皮肤病和外寄生虫病的羊，最后剪毛。剪完后，将房舍、用具等严格消毒。

（三）剪毛场地及用具

大型羊场有剪毛舍（包括羊毛分级、包装部分），内设剪毛台。小型场、队、户剪毛场所的布置，视羊群大小和具体条件而定。露天剪毛，场地应选在高燥地方，打扫干净并铺上席子，以免沾污羊毛。有条件时可搭棚，如有羊圈，也可利用羊圈剪毛。

用具除剪毛机具外，其他如磅秤、毛袋、羊栏、标记颜料和工具、防治药品等，都应事先准备好。

（四）剪毛方法与顺序

首先，使羊左侧卧在剪毛台或席子上，羊背靠剪毛员，从右后胁部开始，由后向前，剪掉腹部、胸部和右侧前后肢的羊毛。再翻羊使其右侧卧下，腹部向剪毛员。剪毛员用右手提直绵羊左后腿，从左后腿内侧到外侧，再从左后腿外侧到左侧臀部、体侧部、肩部，直至颈部，纵向长距离剪去羊体左侧羊毛。然后使羊坐起，靠在剪毛员两腿间，从头顶向下，横向剪去右侧颈部及右肩部羊毛，再用两腿夹住羊头，使羊右侧突出，再横向由上向下剪去右侧被毛。最后检查全身,剪去遗留下的羊毛。

（五）剪毛注意事项

不管使用何种方法剪毛,都应注意以下四个方面。

第一,剪毛剪应均匀地贴近皮肤把羊毛一次剪下,留茬应低。若毛茬过高,也不要重复剪取,以免造成二刀毛,影响羊毛利用。

第二,不要让粪土、草屑等混入毛被。毛被应保持完整,以利羊毛分级、分等。

第三,剪毛动作要快,时间不宜拖得太久。翻羊要轻,以免引起瘤胃臌气、肠扭转而造成不应有的损失。

第四,尽可能不要剪破皮肤,万一剪破要及时消毒、涂药或进行外科缝合,以免生蛆和溃烂。

四、药 浴

药浴是防治绵羊外寄生虫病,特别是防治痒螨、疥螨引起的羊疥癣病的有效措施,可在剪毛后 7～10 天内进行。

（一）药 浴 液

药浴液可用辛硫磷乳油 0.05％水溶液,或敌百虫 0.5％～1％水溶液、0.05％蝇毒磷乳剂水溶液、速灭菊酯80～200 毫克/千克、溴氢菊酯 50～80 毫克/千克,也可用石硫合剂。配方是生石灰 7.5 千克,硫黄粉末 12.5 千克,用水拌成糊状,加水 150 升,煮沸,边煮边拌,煮至浓茶色为止,弃去下面的沉渣,上面的清液就是母液。在母液内对 500 升温水,就是药浴液。

（二）药 浴 法

分池浴、淋浴和盆浴三种。

池浴在特建的药浴池里进行。最常见的药浴池为水泥建筑的沟形池(图5-4)。进口处为一广场,羊群药浴前集中在这里等候。由广场通一狭道至浴池,使羊缓缓进入,浴池进口做成斜坡,羊由此滑入,慢慢通过浴池。药浴时人站在浴池两边,用压扶杆控制羊,勿使其漂浮或沉没;羊群浴后在出口处稍停,因出口处系一倾向浴池的斜面,由羊身上流下的药液可回流到池中。

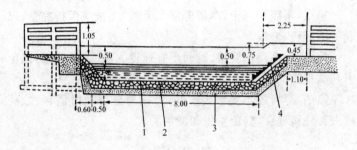

图5-4 药浴池 (单位:米)
1. 水泥面 2. 碎石基 3. 沙底 4. 5厘米厚木板台阶

淋浴在特设的淋浴场进行。淋浴的优点是容浴量大、速度快,比较安全。淋浴前先清洗好淋浴场,机械部分运转正常,即可试淋。淋浴时将羊群赶入淋浴场,开动水泵喷淋,经3分钟淋透全身后关闭,将淋过的羊赶入滤液栏中,经3~5分钟后放出。

盆浴在大盆或缸中进行。用人工方法给羊逐只洗浴。

(三)药浴注意事项

第一,药浴应选择暖和无风天气,以防羊受凉感冒;药浴后,如遇风雨,可赶羊入圈以保安全。

第二,羊群药浴前8小时停喂停牧,药浴前2~3小时给羊充分饮水。

第三,药浴液温度一般应保持在 30℃左右。

第四,先浴健羊,后浴病羊,防止药液浸蚀人员手臂和中毒。

五、修蹄与蹄病防治

绵羊长期放牧,对蹄的保护很重要。蹄壳生长较快,如不整修,易成畸形,系部下坐,步履艰难,终致不能随群放牧,造成营养不良而影响生产。所以,绵羊在剪毛后和进入冬牧前要进行蹄部检查,如有变形不正的,应及时进行修蹄。

修蹄时,把羊背靠在修蹄员的两腿间,臀部着地,用修蹄剪或快刀先修前蹄,次修后蹄;大公羊可由两人协力修削。注意不要削得过深,以免造成跛行,影响放牧。

绵羊若经常放牧在潮湿牧地和居住在泥泞的棚圈里,有时发生腐蹄病,或因污物堵塞脂腺阻碍脂腺分泌而发炎,均会造成跛行。为了避免发生蹄病,平时应注意绵羊栖息地的干燥和通风,勤打扫和勤垫圈;或撒草木灰于圈内或圈门口,进行消毒;或赶羊群在河水中洗涤。如发现蹄趾间、蹄底或蹄冠部皮肤红肿,分泌有臭味的黏液或跛行时,应及时检查和治疗。病情较轻的可用 10%硫酸铜溶液或 10%甲醛溶液洗蹄 1～2 分钟,或用 2%来苏儿液洗净蹄部并涂以碘酊。

六、羔羊的断尾与去势

细毛羊、半细毛羊及其杂种羊的尾属长瘦尾型,尾的经济价值不大。为了避免其尾污染羊毛,多在羔羊 2～3 周龄时进行断尾。断尾最好用断尾铲,因特制的断尾铲较厚,烧热一次可以接连操作断尾数只。断尾时,把铲烧至暗红程度即可,要边切边烙,勿切断太快,这样做兼有消毒止血作用,断尾后不易出血。断尾还需要一块在边上留有小圆孔的木板,以便将羊尾套进并压住,避免断尾铲烫坏羊的肛门或阴户。板的厚度要适当,根据所留尾根的长度决定。断尾处约距尾根4厘米左右,即第三至四尾椎之间,母羔以盖住外阴部为宜。

羔羊经初步鉴定,凡体躯有花斑、粗毛(指纯种或高代杂种羊)、外形缺陷或其他严重缺点而不能留作种用的公羔,都要在2~3周龄时去势。经去势的羔羊易于肥育且肉味较好。羔羊去势时,一人抱定羔羊,使其腹部向外,另一人先将其阴囊上的长毛剪掉,然后左手拉住阴囊底部,右手用利刀自下1/3处将阴囊横向切开,挤出睾丸,拉断精索,涂碘酊消毒即可。

刚断尾和去势的羔羊,应暂留圈中,逐只进行检查,如发现出血过多,应行止血和消毒。2天后应再检查一次,如发现发炎化脓等情况应及时做消炎处理,以防进一步感染造成羊只损失。

第七节　绵羊的防疫保健

羊病按其性质可分为传染病、寄生虫病和普通病三大类。对养羊业危害最大的是传染病和寄生虫病。所以,我们这里着重介绍这两类疾病的基本防治措施。

传染病是由病原微生物,例如细菌、病毒等侵入羊体而引起的疾病。病原微生物在羊体内生长繁殖,放出毒素或致病因子,破坏或损害羊的机体,使羊致病。如不及时防治,常引起死亡。羊发生传染病后,病原微生物从其体内排出,直接或间接地传染给其他羊只,造成疫病流行。有些急性烈性传染病可使大批羊死亡,造成重大经济损失。

寄生虫病是由寄生虫(如蠕虫、螨蜱、昆虫等)寄生于羊体内或体表而引发的疾病。寄生虫通过对羊体器官、组织造成机械损伤,夺取营养或产生毒素,使羊消瘦、贫血、营养不良、生长受阻、毛皮受损、生产性能下降,严重的导致死亡。寄生虫病与传染病的类似之处是都具有侵袭性、流行性,使多数羊发病。有些寄生虫病造成的经济损失并不亚于传染病。因此,对养羊业也造成严重危害。

对于羊传染病和寄生虫病的防治,必须坚持"预防为主"的方针,认真贯彻《中华人民共和国动物检疫法》,采取加强饲养管理、搞好环境卫生、开展防疫检疫、定期驱虫等综合性防治措施。为达到防病灭疫的综合效果,重点要做好以下方面的工作。

一、有计划地进行免疫接种

免疫接种是通过给羊只注射疫(菌)苗等手段,激发羊体产生特异性抵抗力,使其获得对某种传染病的免疫效力。这是预防和控制羊传染病最重要的措施。目前,我国用于预防羊比较常见的传染病的疫(菌)苗,主要有以下数种。

(一)羊快疫、猝狙、肠毒血症三联(菌)苗

预防羊快疫、猝狙、肠毒血症三种传染病。不论羊年龄大小,一律皮下或肌内注射5毫升,14天即可产生可靠免疫力,免疫期1年。

(二)羊厌气菌氢氧化铝甲醛五联(菌)苗

预防羊快疫、羔羊痢疾、猝狙、肠毒血症、黑疫五种传染病。不论羊年龄大小,均皮下或肌内注射5毫升,14天后即可产生可靠免疫力,免疫期半年。

（三）第 Ⅱ 号炭疽芽胞苗

预防羊炭疽。绵羊、山羊均皮下注射 1 毫升,14 天后产生可靠免疫力,免疫期 1 年。

（四）羔羊痢疾菌苗

预防羔羊痢疾。怀孕母羊分娩前 20～30 天皮下或肌内注射 2 毫升;第二次于分娩后 10～20 天皮下注射 3 毫升。第二次注射后 10 天产生免疫力,母羊免疫期 5 个月。羔羊从乳汁获得母源抗体,而不得羔羊痢疾病。

（五）黑疫、快疫混合菌苗

预防黑疫、快疫。不论羊只大小,均皮下或肌内注射 3 毫升,14 天后产生免疫力。免疫期 1 年。

（六）羊痘鸡胚化弱毒疫苗

预防绵羊痘、山羊痘。冻干苗按瓶签上标注的疫苗量,用生理盐水稀释 25 倍,振荡摇匀。不论羊只大小,一律皮下注射 0.5 毫升。6 天后产生免疫力,免疫期 1 年。

免疫接种要按合理的免疫程序进行。各地区可能发生的传染病不止一种,常常须用多种疫（菌）苗来预防不同的病,这就需要根据各种疫（菌）苗的免疫特性来合理地安排免疫接种的顺序和间隔时间,这就是免疫程序。各地区应根据当地历年疾病发生情况及生产实践经历,制订出合乎本地区实际情况的当年免疫程序,并确保严格执行。

二、搞好环境卫生和消毒工作

养羊环境卫生与疾病发生有着密切关系。污秽的环境是病原体孳生和疫病传播的温床。搞好环境卫生和消毒工作是贯彻"预防为主"方针的一项重要措施。其目的是消灭传染源,消灭散布于外界环境中的病原微生物,切断传染途径,防止疫病蔓延。因此,对羊舍羊圈、用具、场地、粪便、污水污物等都应定期进行清洁和消毒处理。

(一)羊舍、棚圈的清洁与消毒

羊舍和棚圈每天都要清除粪便及污物,保持地面清洁、干燥,通常每月消毒一次。常用的消毒药有:10%～20%石灰乳或10%漂白粉溶液。用量按1升/米^{2}计。将消毒液盛于喷雾器内,按地面→墙壁→天花板的顺序依次喷洒,最后开窗通风,用清水刷洗饲槽、用具,除去消毒药味。若是产羔用羊舍,要在产羔期间每半月消毒一次。在病羊隔离舍的出入口处,要放置浸有2%～4%氢氧化钠或10%克辽林消毒液的草垫或麻袋片。

(二)羊粪消毒

羊粪便最适用的消毒方法是生物热发酵消毒法。即在距羊舍100米外的地方设堆粪场,将羊粪堆积起来,洒上水,使羊粪保持较高湿度,然后上面覆盖10厘米厚的沙土,压实堆放发酵30天左右即可。由于在这种条件下,羊粪经发酵而产热,粪中的病原微生物以及寄生虫虫卵、幼虫、虫体片段等均因高温缺氧而致死,达到消毒目的,并使羊粪发酵成为无毒优质的有机肥料。

(三)环境消毒

彻底清除羊舍周围的杂物、垃圾和乱草堆等,填平死水、污水坑,因为这些地点都是老鼠、蚊、蝇等孳生繁衍的场所,而它们又是原病体的宿主和携带者,能传播多种传染病和寄生虫病。因此,在环境清除的同时,要认真搞好灭鼠杀虫工作。

三、严格执行检疫制度

检疫是应用各种诊断方法,对羊只及其产品进行疫病(主要是传染病和寄生虫病)检查,并采取相应措施,以防疫病的发生和传播。羊及羊产品从生产到出售,要经过出入场检疫,或收购检疫,或运输检疫,或屠宰检疫。涉及外贸时,还要进行进出口检疫。其中出入场检疫是所有检疫中最基本最重要的检疫,只有经过检疫而未发现疫情时,方可让羊及其产品进场或出场。羊场和养羊户引进羊时,只可从非疫区购入,并经当地兽医检疫部门检疫,签发检疫合格证明书;运抵目的地后,再经本场或专业户所在地兽医验证、检疫,并隔离观察1个月以上。确认为健康的,还须驱虫、消毒,没有接种过疫(菌)苗的还要补接,此后才可进入正常饲养过程。羊场采用的饲料和用具,也必须从非疫区购入。

四、实施药物预防

羊可能发生的疫病种类较多,其中不少病尚无疫(菌)苗可供预防;有些病虽有疫(菌)苗但实际应用还有问题。因此,用药物预防这些疫病也是一项重要措施。最早并大规模使用的是为消灭羊螨、蜱等体外寄生虫而采用的药浴,后来逐步发展到以安全而价廉的药物,加入到饲料或饮水中口服,而进行的群体药物预防,即所谓保健添加剂。常用的药物有磺胺类、抗生素类和硝基呋喃类三种药物。预防用剂量,按药物占饲料或饮水的比例计,磺胺类药物为 $0.1\% \sim 0.2\%$,四环素族药物为 $0.01\% \sim 0.03\%$,硝基呋喃类药物为 $0.01\% \sim 0.02\%$。一般连用 $5 \sim 7$ 天,必要时也可酌情延长。但时间过长会产生耐药菌株,影响药物预防效果。

五、组织定期驱虫

预防性驱虫的时机,须根据寄生虫病的季节动态确定。一般是在秋末冬初草枯前(10月底或11月初)和春末夏初青草萌发时(3~4月份)各进行一次药物驱虫。也可将驱虫药小剂量地混在饲料内,在整个冬季补饲期间让羊食用。预防性驱虫所用的药物应按病的流行情况选择。其中,丙硫苯咪唑(丙硫咪唑)具有高效、低毒、广谱等优点,对于羊只常见的胃肠道线虫、肺线虫、肝片吸虫和绦虫均有效,可同时驱除混合感染的多种寄生虫,是常用的比较理想的首选驱虫药物。剂量为每千克体重10~15毫克。投药方法为拌在饲料中,按单个羊自食,控制好剂量。使用驱虫药时,要先进行小群驱虫试验,取得经验后,方可进行大群驱虫。要严格准确地掌握驱虫药的剂量。

药浴是防治羊体外寄生虫病,特别是羊螨病的有效措施。羊螨病是由疥螨和痒螨寄生在羊体表面而引起的慢性寄生性皮肤病,又叫疥癣、疥疮等,具有高度传染性,往往在短时期内引起羊群的严重感染,危害十分严重。每年定期给羊进行药浴,可取得预防和治疗的双重效果。一般是在春季剪毛后7~10天内进行一次药浴即可;若羊群病情严重,可间隔7天左右再进行第二次药浴,这样可达到根治效果(药浴所用药物见本章第六节)。

第八节　羊场建设与养羊设备

羊场是羊的重要外界环境条件,为羊创造一个符合其生理要求和生产需要的良好生活环境,是养好羊的先决条件。因此,对于羊场场址选择、羊舍建筑及其他养羊设备等,首先必须根据当地气候、水源、饲料生产以及交通条件等全面考虑，同时还要根据现在养羊数量和今后发展规模、设备的机械化和自动化程度等，进行科学合理的规划，使得羊场建筑布局和养羊设施既符合家畜卫生要求，又经济实用，有利于提高劳动生产效率，降低生产成本等要求。

一、羊场场址选择

规模化养羊的羊场，场址的选择十分重要。应在全面调查研究的基础上，周密考虑。既要兼顾当前生产实际，更要着眼于长远发展需要。具体地讲，选场址要考虑以下几个方面。

第一，场址地势应比较高燥，地下水位距地表在 2 米以下，最高地下水位需在青贮窖底部 0.5 米以下。低湿环境容易使羊感染寄生虫病和腐蹄病。因此，羊场应选在地势较高，并有 1%～3% 的南向斜倾坡度，背风向阳，排水良好，通风干燥的地方，切忌在低洼涝地、山洪水道、冬春季风口处等地建场。

第二，场区附近要有水质良好、清洁而充足的水源，水量能确保场内职工生活用水、养羊用水及生产管理用水需要，不可在缺水或水质不良及水质污染的地区建场。羊场还应建在居民点的下风方向、水源的下游，距居民点生活区至少 300 米。

第三，充分了解当地疫情，不能在传染病和寄生虫病的疫区建场。为保证防疫安全，场址距主要交通干线（铁路、主要公路）应在 300 米以上。

第四，饲料来源充足。特别是对肉羊、奶羊来讲，以舍饲为主，所需饲料总量较大，必须有充足的饲料来源。首先，要考虑就地生产的饲料种类和数量；其次，再考虑从附近地区及外地能购运的饲料种类和数量。这要根据羊场养羊数量做统筹详实的核算。

第五，交通比较方便，便于运输。还应注意邮电通讯及能源供给条件。

第六，如果是为引进的品种选建羊场，就要从所引品种的生态适应性考虑来选择场址。所选地址应尽可能地接近引进品种原产地的自然生态条件。

二、羊场布局

羊场内部建筑物主要有：羊舍、产羔房、人工授精室、兽医室、病羊舍、饲料库房、干草棚、饲料加工室、青贮塔(窖)、水塔、办公区及职工生活区等。羊场内各建筑物的布局，应根据羊场规划统筹考虑。既要保证羊只正常生理健康需要和生产要求，又要便于生产管理和提高劳动生产效率，还要能合理利用土地和节约基本建设投资。布局力求紧凑实用。

(一)羊 舍

羊舍是羊场建设的核心，其在场内的位置应以有利于卫生防疫、便于生产管理为基本原则。通常羊舍应建在羊场中心地带，方向最好是坐北向南。若建数栋羊舍，则应以横向长轴平行排列为宜。羊舍之间相距10米左右。

(二)饲料贮备与加工设施

饲料原料贮备室、干草棚、饲料加工间、成品饲料库等设施之间应相距较近，便于转运，并尽可能靠近场部大门，以方便运输。

(三)青贮塔(窖)

青贮塔(窖)应建在距羊舍较近的地方，以方便取用，同时还不影响羊场整体布局。

（四）人工授精室和产羔房

人工授精室可放在成年公、母羊羊舍之间或附近。产羔房设在靠近母羊舍的下风处或设在成年母羊舍舍内的一端。

（五）兽医室和病羊隔离舍

兽医室和病羊隔离舍应设在羊场的下风方向，距羊舍100米以上。在病羊隔离舍附近应设置掩埋病羊尸体的深坑。

（六）办公区和生活区

行政管理办公区和职工生活区一般都放在场部内的大门口附近。或者放在场外，但都应放在上风方向。

三、养羊设备

（一）羊　舍

1. 羊舍建筑设计参数

（1）羊舍及运动场面积　各类羊只所需羊舍面积见表5-8。

表5-8　各类羊只所需羊舍面积　（米²/只）

羊　别	面　积	羊　别	面　积
春季产羔母羊	1.1～1.6	育成公羊	0.7～0.9
冬季产羔母羊	1.4～2.0	育成母羊	0.7～0.8
大群公羊	1.8～2.25	去势羔羊	0.6～0.8
单独饲养公羊	4～6	3～4月龄羔羊	母羊面积的20%

产羔室面积可按产羔母羊羊舍面积×基础母羊数的20%～25%计算；运动场面积一般为羊舍面积的2～2.5倍，成年羊运动场面积可按4米²/只计算。

（2）羊舍温湿度界限　冬季羊舍温度一般保持在0℃以上，产羔室室温应在8℃以上；夏季舍温不超过30℃。为保持羊舍干燥，舍内空气相对湿度以保持在50%～70%为宜。

（3）通风换气参数　通风的目的是降温，换气的目的则是排出羊舍内的污浊空气，保持舍内空气新鲜。通风换气参数可参考表5-9。

表5-9　各类羊舍通风换气参数　（米^3/分·只）

羊　舍	参　数	
	冬　季	夏　季
成年绵羊	0.6～0.7	1.1～1.4
肥育羔羊	0.3	0.65

羊舍通风多采用流入排出式通风系统，它是由均匀分设在侧墙上的进气管（断面面积为20厘米×20厘米～25厘米×25厘米）和设在屋顶上的排气管（断面面积为50厘米×50厘米～70厘米×70厘米）组成，管内设有调节板，可控制通风量，必要时可关闭。依靠这一设置，达到羊舍冬季保暖、夏季通风降温，既保证舍内有足够的新鲜空气，又能防止贼风侵袭。

（4）采光　羊舍要求光照充足。采光系数：成年羊舍1∶15～25，高产绵羊舍1∶10～12，羔羊舍1∶15～20，产羔房可小些。

2. 羊舍类型　不同类型羊舍所提供的小气候条件差异较大，所以要根据当地环境和气候因素、饲养方式等选建不同类型的羊舍。

（1）根据羊舍四周墙壁封闭程度　羊舍可分为封闭舍、开放与半开放舍和棚舍三种类型。封闭舍四周墙壁完整，在向阳面墙上设门窗,这种羊舍保温性能好,适合寒冷地区采用。开放与半开放舍三面有墙,另一面无长墙的为开放舍,另一面有半截长墙的为半开放舍。此类舍保温性能差,通风采光好,适合温暖地区采用。若将开放半开放的一面用塑料薄膜封闭起来,则成为我国北方寒冷地区农牧民较普遍采用的一种塑料暖棚类羊舍,效果很好;棚舍是四周为半截墙壁或无墙壁,屋顶由支柱撑空,主要作用是防日晒雨淋,常用于夏季炎热酷暑季节。

(2)根据羊舍的屋顶形式 羊舍可分为单坡式、双坡式、拱式、钟楼式、半钟楼式等类型,如图5-5所示。

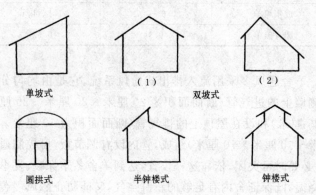

图 5-5 羊舍类型示意图
(1)等双坡式 (2)不等双坡式

单坡式羊舍比较简易,跨度小,自然采光好,适宜小规模羊群使用;双坡式羊舍跨度大,保温好,是最常用的一种类型,更适合寒冷地区采用。在比较炎热的地区最好选用钟楼式或半钟楼式羊舍。

羊舍建筑的发展趋势之一是组装式羊舍,即将墙体、屋顶、门、窗等制成配件,有专门的公司生产和销售。养羊生产者可根据所在地的自然生态条件和所养的羊种类型,选购所需要的羊舍部件,组装成不同类型的羊舍。

近年来,在我国北方冬季采用塑料暖棚养羊得到了大力推广,深受广大农民欢迎,效果十分显著。这种塑料棚舍通常是利用农村现有的简易敞圈或简易开放式羊舍,稍加维修改建,然后用木杆或铅丝、铁丝、竹片等材料做好骨架,扣上塑料薄膜即成。塑料薄膜为 0.2～0.5 毫米厚、白色透明透光好、强度大的膜。棚顶类型有单坡式单层或双层膜棚、拱式单层或双层膜棚。其中以单坡式单层膜棚结构简单,经济实用。扣棚时,要求塑料膜要铺平、拉紧,中间固定,边缘压实,扣棚角度为 35°～45°,墙的高度以不被羊破坏塑料薄膜为原则。在端墙设门和进气孔。门大小以出入方便为宜,在棚的较高位置上设排气窗,按东西方向每隔 8 米左右设一个开闭方便的排气窗,其口径为 20 厘米×30 厘米。棚舍坐北朝南。这样的塑料暖棚保温采光好,经济实用,很适合我国北方寒冷地区采用。

中国农业工程研究设计院研制的 XP-Y101 型塑料棚羊舍,现已投入批量生产。它是采用热镀锌薄壁钢管骨架和长寿塑料薄膜及压槽结构。可用于母羊冬季产羔、肥育肉羊,闲置时期可用来种植蔬菜。该院还研制出一种 GTP-D725-2H 型综合棚舍,如图 5-6 所示。该综合型棚舍前部为塑料棚,主要用于种蔬菜,后部为砖砌棚舍,用于养羊。这种棚舍的好处是,蔬菜利用羊呼出的二氧化碳进行光合作用,而植物光合作用产生的氧气供羊利用,维持植物生长所需温度的热源取自太阳能和羊体散热,各种资源得到充分合理利用。这是一项在高寒地区塑料棚舍中不用或少用常规能源的新尝试,适合在高寒地区推广。

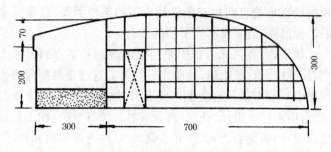

图 5-6 综合型塑料棚舍 （单位：厘米）

3. 羊舍的基本结构

（1）地面 亦称羊床。是羊只躺卧休息的地方，是羊舍中最重要的组成部分。地面的保暖和卫生状况与羊只身体健康关系很大。羊舍地面有以下几种。

①土质地面：属于暖地面（软地面）类型。土质地面柔软，有弹性，不光滑，保温好，经济适用。缺点是较松散易出现凹坑，不便清扫消毒，易吸水潮湿，但易去表换新，造价低廉，气候干燥地区可采用。用土质地面时，可混入石灰以增强粘土的粘固性。用三合土，即按石灰：碎石：粘土＝1：2：4 比例混合铺成的地面比纯粘土地面好。

②砖地面：属于冷地面（硬地面）类型。但因砖的孔隙较多，导热性小，比较保温，且便于清洁消毒。羊床采用砖地面时，砖宜立砌，不应平铺。砖地面成本较高，适合于寒冷地区使用。

③水泥地面和石地面：属于冷地面（（硬地面）类型。导热性强，不保温，硬而易滑，造价高。其好处是结实耐用，不透水，便于清洁消毒。

④漏缝地面：用木质板条或镀锌钢丝网等材料做成。木板条宽 3.2 厘米，厚 3.6 厘米，缝隙宽 1.5 厘米。此种类型地面

适宜 2 月龄以上羔羊和成年羊用。镀锌钢丝网网眼要略小于羊蹄底面积,以防羊蹄踏空漏下伤及羊体。漏缝地面也可用钢筋水泥条做成,水泥条宽 6～8 厘米,厚 3～4 厘米,缝隙间距 1.5～2 厘米。漏缝地面羊舍需配备污水处理设备,造价较高。漏缝式地面的羊舍必须高出地表面 1～2 米,漏缝地面下为一承接粪尿的斜坡,斜坡与接粪池相连。这种羊舍离地面有一定高度,防潮,通风透气好,适合南方炎热潮湿地区采用。使用中要及时清理粪池,以免污染舍内空气。

(2)墙体　在羊舍的保温功能上墙体起着重要作用。我国多采用土墙、砖墙、石墙等。土墙导热性小,保温好,造价低,但易受潮,不易消毒,小规模养羊的简易羊舍可采用;砖墙是最常用的墙体,结实耐用,保温好,易消毒;石墙坚固耐久,但不保温,寒冷地区使用效果差。当前组装羊舍的墙体采用胶合板、玻璃纤维板、铝金属板等材料,其隔热保温效果好,坚固耐用,美观,但造价高。

(3)门和窗　通常羊舍门宽 2.5～3 米,门高 1.8～2 米,门扇向一侧推拉为好,或为双扇门向外开,便于羊群出入和清理舍内粪便。窗户宽一般是 1～1.2 米,高 0.7～0.9 米,窗台距地面高 1.3～1.5 米。

(4)屋顶　羊舍屋顶有防雨淋、日晒和隔热保温作用。其材料有陶瓦、石棉瓦、木板、塑料膜、油毡等。寒冷地区羊舍内可加顶棚,其上可贮放适量干草,以增强羊舍的保温性能。羊舍内净高(地面到顶棚的高度)2.4 米左右。单坡羊舍一般前高 2.5～2.8 米,后高为 2～2.2 米,屋顶做斜面呈 45°为宜。

4. 运动场的设置　呈"一"字形排列的羊舍,运动场一般设在羊舍的南面,比羊舍地面低 50 厘米左右,向南缓坡倾斜。运动场地面以砂质壤土为好,以利排水和保持干燥。运动场的围墙或围栏高度为 2～2.5 米。

（二）养羊其他设备

1. 草料架和饲槽　草料架形式较多,有供饲喂粗饲料和青贮料、精料和颗粒饲料等两用联合草料架,有专供饲喂干草、秸秆等用的草架。有专供饲喂精料、颗粒饲料的饲槽等。根据其建造形式,大体可分为固定式和移动式,常见的有如下几种。

（1）固定式长形饲槽　通常设在羊舍或运动场内,用砖、石、水泥等材料砌成,坚固耐用。以舍饲养羊为主的羊场和专业户,应根据羊舍和运动场的结构布局,设计建造这种永久性固定式饲槽。

（2）移动式长形饲槽　用木板和铁皮做成,便于运输、存放,主要是放牧补饲用。饲槽大小和长度可根据需要灵活掌握。也可安装固定架,以防羊采食时踩翻饲槽。

（3）草料架　一种靠墙设置的单面草料架。这种形式可与固定式长形饲槽联合成一体,用钢筋作为隔栅,做成饲喂干草、精料两用联合草料架,利用率更高,效果更好。建造尺寸根据羊群规模设计。另一种为可移动的双面草料架。此种形式多为木制,容易移动。通常放置在运动场内,平行排列,适宜放牧羊群归圈后补饲草料用。草料架的制作要求是,羊只采食时不会相互干扰,羊蹄脚不会踏入草料架内,不会让草料架内的草料落在羊体上。

2. 多用途栅栏和网栏　每块栅栏(或网栏)高 1.2 米,长1.2～1.5 米,用它作为基本材料,建造以下不同用途的围栏或羊圈。

（1）分羊栏　分羊栏主要是在羊的分群、鉴定、防疫、驱虫、称重、打耳号、断尾、去势等生产技术性活动中使用。分羊栏是由许多栅栏连接而形成所需的临时性的各种圈围,如图5-7所示。在羊群的入口处为喇叭形,中间为可容羊只单行前进的小通道,沿通道一侧或两侧,可根据工作需要开设若干个通往小圈的边门。利用这一设备,就可以进行若干作业并同时把羊分成所需要的若干小群,省时省工省力,也不会因抓羊而使羊只奔跑耗费体力。

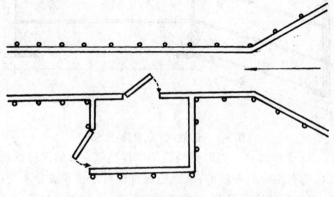

图 5-7 分羊栏

(2)分娩栏 在产羔季节,可用两块栅栏连接成活动折叠式状态(见图 5-8),然后将其固定在羊舍产房墙壁上,围成分娩栏。将临产母羊从大群隔出,放入分娩栏内待产,并在产后2 日内视情况可否继续留在栏内,特别是当母羊不认领羔羊时,留待时间则应适当延长。

(3)活动式羊圈 利用栅栏可连接成临时用的母子小圈、中圈、羔羊补饲圈等活动羊圈,方便母子护理,防止新生羔羊受到意外伤害,提高羔羊成活率。在放牧为主的地区,转场放牧时采用活动式羊圈也十分方便。在放牧地可选一高燥平坦的地面,用栅栏按地形连接围成方形圈或圆形圈均可。这种活动式羊圈体积小,重量轻,拆装搬运方便,机动灵活,投资少,适用范围广,非常适宜牧区、半农半牧区使用。

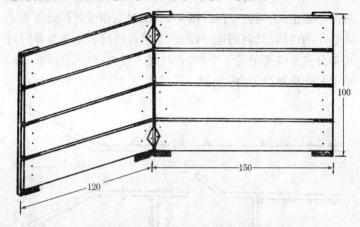

图 5-8 分娩栏 (单位:厘米)

3. **青贮设施** 青贮饲料是羊冬春枯草季节的优质饲料。青绿饲料用青贮办法贮存,既能保持饲料中营养成分不受损失,提高饲料的利用率,又能刺激羊的食欲,增加采食量,从而大大提高羊的生产性能。因此,羊场及专业户要尽可能多地加工制作青贮料,这样青贮设施便成为养羊生产必备的设备。

(1)青贮窖 青贮窖结构简单,造价低,易推广。应建在地势高燥、窖周围排水通畅的地方。窖壁、窖底用砖和水泥砌成,要求壁面光滑,坚实不透水,上下垂直。圆形窖直径一般为2.5～3.5米,深3～4米,窖底呈锅底状。长形窖宽3～3.5米,深3～4米,长度依据养羊数而定,一般为15～20米。

(2)青贮塔 有全塔式和半塔式两种形式。全塔式青贮塔是全部修建在地表以上的青贮塔,一般塔高6～16米,直径1～6米,容量为75～200吨,根据养羊规模确定建造青贮塔的容量。青贮塔制作青贮料比较方便,塔侧壁开有取料口,青贮料损失较少。大型羊场可采用这种全塔式青贮塔,造价虽较高,但经久耐用,青贮质量高,青贮料利用率高。半塔式青贮塔是有 3~4 米塔身在地下、4~6 米塔身在地上,造价较全塔式低。

(3)青贮袋 近年来,我国大力推广青贮料袋装调制方法。此袋是一种特制的塑料大袋,袋长 36 米,直径 2.7 米。塑料膜用双层帘子线增加强度,非常结实。调制青贮料时,袋子长度根据需要剪裁。这种袋装青贮方式投资少,成本低,设备简单,制作容易,不受气候和场地等条件限制。且取用方便,浪费少,便于运输。非常适宜小规模养羊农牧户采用,也适合各类羊场采用。但要注意,袋装青贮料制成后,一定要妥善保存管理,严防塑料袋破裂,导致青贮饲料发霉变质。

4. 供水设施 如果羊场无自来水,应挖掘水井或修建水塔、蓄水池,并通过管道引到养羊生产用水的地方。水井应距羊舍 100 米以上,并在上风方向。井口要高出地面,并加盖,井口四周最好修建井台和围栏。

5. 养羊机械设备 养羊机械化是养羊业现代化的重要组成部分。用机械装备可改善养羊的生产手段和生产条件,大幅度地减轻人的劳动强度,提高劳动生产效率,以保证养羊业生产的优质、高产、高效。目前,我国养羊生产中应用的主要机械有饲料生产机械(包括种植、管理、收割等作业机械)、饲料饲草加工机械(包括饲料粉碎、切碎、混合、制粒等)、剪毛机械和药浴机械等。

大型机械设备一是造价高,二是其使用时间短,往往有一定的季节性。所以,养羊生产者购置它们利用率不高,闲置时间多。对此,国内外比较成熟的做法是组建专门的农牧(养羊)机械公司,为羊场、专业户提供服务。该类公司拥有一定数量的各类机械设备,养羊生产者可根据自身生产需要租赁使用,或与该公司签订长期作业合同项目来完成其各类生产任务。这种形式,对养羊生产者降低成本、提高养羊经济效益十分有利。

第六章　绵羊业产品

第一节　羊　毛

羊毛是养羊业的主要产品之一,是毛纺工业的重要原料。羊毛作为人类的衣着原料有着其他纺织纤维无可比拟的优越性,这是由于羊毛的特殊结构和理化特性所决定的。因此,尽管当今化学纤维种类繁多,但仍不能代替羊毛,羊毛织品仍是人们追求的理想衣着。这也是当今世界上一些主要养羊国家仍较重视发展羊毛生产的原因。提高羊的剪毛量和羊毛质量是养羊工作者的一个主要目标。为此,掌握必要的羊毛基础知识和简便易行的科学的识别和评定羊毛品质的方法,对从事养羊生产的经营者就十分必要。

一、羊毛的形成和生长

羊毛是皮肤的衍生物,发生于胚胎期羔羊的皮肤上,最初是在皮肤表皮生发层将要生长羊毛纤维的地方,生成毛囊原始体,随之流向此处的血液增多,使生发层细胞因获得了丰富营养而分裂增强,细胞数量不断增多,形成管状物直伸至真皮乳头层,并由此逐渐形成毛囊。一个毛囊长出一根毛纤维。毛纤维在生长期中的营养,由乳头层血管不断供给。羔羊胚胎期60～85天时,初级毛囊形成;80天左右时开始逐渐形成次级毛囊,这一过程一直延续到出生后20个月龄时为止。因此,在羔羊胚胎期的后两个月,注意加强对怀孕母羊的饲养,以及加强羔羊出生后到 1.5 岁前幼龄阶段的营养,尤其是供给丰富的蛋白质饲料,对于增加羊毛密度和提高羊毛生长速度都十分重要。否则,将会有部分毛囊原始体因得不到营养供给而萎缩,会影响羊终生的产毛性能。

二、羊毛的组织学构造

从组织学的观点来看,羊毛纤维由 2～3 层组织构成,无髓毛仅由鳞片层和皮质层构成,而有髓毛除以上两层外,还有髓层。

(一)鳞 片 层

为毛纤维最外层。系由扁平、形状不规则的角质化细胞所组成,像鱼鳞覆盖于纤维表面,其一端附着于毛干主体,另一端向外游离,朝向毛纤维顶端,外观呈锯齿状。由于形状及排列状态的不同,可分为环状鳞片和非环状鳞片两种。环状鳞片呈不规则的环圈状,套在毛纤维上,上面一个环圈的下端,伸入到下面一个环圈的上端之内。环圈的上端,一般是翘起的(图 6-1 之 3)。非环状鳞片是像覆瓦状覆盖在纤维表面的一种鳞片。它们的排列特点也如环状鳞片,但上端的翘起程度没有环状鳞片大(图 6-1 之 1,2)。鳞片的作用主要是保护毛纤维皮质层,以免受外界各种理化作用的影响。鳞片层遭到任何破坏,都会影响到羊毛纤维物理性能及其制品的品质。此外,羊毛纤维因

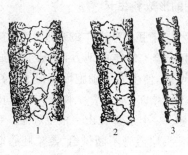

图 6-1 鳞片形状

1,2. 非环状鳞片 3. 环状鳞片

有鳞片层,其纺纱性能、缩绒性能为其他纺织纤维所不及。羊毛的光泽也决定于鳞片的种类和排列情况。

（二）皮 质 层

皮质层系由一些细长的锭状细胞所组成,它与纤维纵轴大致平行交错排列,紧贴在鳞片层里面,构成了毛纤维的主体部分,决定着羊毛的理化和机械性能。皮质层所占比例的大小,常随羊毛的细度及纤维类型的不同而异。一般羊毛愈细,皮质层所占比例愈大;羊毛愈粗,所占比例愈小。从纤维类型而言,无髓毛除鳞片层外,全部为皮质层,而两型毛还具有细的髓层。有髓毛髓层较厚,死毛只有极小比例的皮质层。具有天然色泽的羊毛,其色素主要存在于皮质层中,在羊毛加工染色时,染色剂也主要被吸收在皮质层细胞中。

（三）髓 层

髓层是有髓毛的基本特征,位于有髓毛的中央,系由形状不规则、结构疏松和内部充满空气的细胞所组成。髓层的形状和粗细,因绵羊品种、个体及羊体部位不同而异,按髓层的多少,可分为点状、断续状及连续状三种(图 6-2)。髓层可降低毛纤维的导热性,冬季能减少绵羊体温的散发,夏季有助于防止绵羊受热。髓层的存在降低了羊毛的工艺性能。因此,髓层越发达,羊毛越缺乏弹性并容易

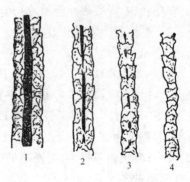

图 6-2 髓层形状

1. 连续状髓　2. 断续髓

3. 点状髓　4. 无髓

折断。

三、羊毛纤维类型和羊毛种类

羊毛纤维类型和羊毛种类是两种不同的概念,但二者有密切联系。羊毛纤维类型是指羊毛单本纤维而言。它是根据羊毛纤维的细度、形态、组织构造及工艺性能来区分的;而羊毛种类是指羊毛的集合体而言,如毛丛、毛股、毛被或套毛等,它是根据组成羊毛集合体的纤维成分来区分的。

(一)羊毛纤维类型

羊毛纤维类型,一般可分为四种,即刺毛、有髓毛、无髓毛和两型毛。

1. **刺毛** 分布于绵羊颜面和四肢下部。纤维粗短呈弓形,有毛尖,紧贴皮肤倾斜生长,形成特殊的覆盖毛层。该种毛纤维光泽强,长度短,为 0.5~2.0 厘米。在纺织上无作用,剪毛时不剪。刺毛的组织学构造接近有髓毛,髓层发达,鳞片较小、非环状,毛纤维表面光滑,故光泽较强。

2. **有髓毛** 又叫发毛、粗毛。有髓毛又可分为正常有髓毛、干毛和死毛。

(1)**正常有髓毛** 纤维是各种纤维类型中最长的,它的特点是:粗,无弯曲或少弯曲,手感粗糙,缺乏柔软性。细度一般为 40~80 微米,少数纤维粗达 120~140 微米。在组织学构造上,有髓毛由三层组成。髓层发达,呈连续状;鳞片为非环状,大小、形状相差很大。有髓毛的工艺价值不如无髓毛好。含有有髓毛的羊毛,一般只作为较粗织物的原料,如制毛毯、地毯等。

(2)**干毛** 是正常有髓毛的一种变态毛,在组织学结构上与正常有髓毛无大的区别。其特点是纤维上端粗硬色黄。这是由于阳光、雨水的侵袭和粪尿污染而造成的。干毛工艺性能降低,羊毛脆弱,缺乏光泽,且不易染色。

（3）死毛　也是有髓毛的一种变态毛。髓层特别发达,其特征是纤维粗、短、带尖,脆而易断。这种纤维呈蒸骨白色,无光泽,不能染色。细度90微米以上,纤维横断面呈扁的不规则形状。工业上无利用价值。

3. 无髓毛　又称绒毛。外观细、短,弯曲多而明显。长5～15厘米,细度30微米以下。组织学构造由两层组成,纤维横断面接近圆形,鳞片为环状,皮质层多。工艺价值高,是优良的纺织原料。无髓毛构成粗毛的底层毛,为保护层,可以减少绵羊体温的散发。细毛全部由无髓毛组成。组织学构造及其他特性与绒毛一样,而细度较粗（达40微米左右）的纤维,可称粗绒毛。半细毛羊的毛被由粗绒毛或粗绒毛与两型毛混合组成。

4. 两型毛　也叫中间型毛。它的细度介于有髓毛和无髓毛之间,一般直径为30～50微米。长度中等,弯曲较大,单位长度内的弯曲数少于无髓毛。髓层较少,呈点状或断续状。工艺价值优于有髓毛。全部由两型毛组成的羊毛是线纺和工业用呢的优良原料。

（二）羊毛种类

羊毛按其所含毛纤维类型可分成两大类,即同质毛和异质毛。

1. 同质毛　也叫同型毛。是指一个套毛的各个毛丛由同一种纤维类型所组成的羊毛。毛丛内部毛纤维间细度、长度、弯曲以及其外部特征趋于一致。细毛羊、半细毛羊及其高代杂种羊的羊毛都属于这一类。在同质毛内,根据细度又可将其分为细毛和半细毛两类。

（1）细毛　这种羊毛由同一类型纤维——无髓毛组成。这种羊毛，单凭肉眼难以区别纤维的粗细和长短。从外观上看，较他种羊毛为短，弯曲多而明显，纤维平均细度小于 25 微米，或品质支数不粗于 60 支。

细毛的纺织价值最高，用于织造高级精纺和粗纺织品。细毛产于细毛羊和高等级杂种细毛羊。

（2）半细毛　这种羊毛由细度稍粗的无髓毛纤维组成，或者是由同一种纤维类型的两型毛组成。组成半细毛的纤维，其粗细和长短差别也不大。外观弯曲较细毛纤维少而大，纤维也较细毛为长。平均细度大于 25 微米或品质支数在 58 支以下。

半细毛的纺织价值亦较高，主要用于精梳、针织和工业用呢。半细毛产于半细毛羊品种和达到半细毛标准的杂种羊。

2. 异质毛　也叫混型毛。是指在一个套毛内的各个毛丛，由两种以上不同毛纤维类型所组成的羊毛。这类毛的毛纤维间在细度、长度等方面都有明显的差别，外观呈毛辫结构。粗毛羊品种，及其同细毛羊、半细毛羊杂交的低代杂种羊所产的羊毛均属此类，也统称为粗毛。

粗毛由于其所含各种毛纤维类型的成分及比例的不同，其品质及工艺价值的差别也很大。一般说来，粗毛中两型毛、无髓毛的比例越高，有髓毛的比例越低，其品质和工艺价值也就越高；粗毛中若含有干毛、死毛纤维，就会大大降低其品位，含量越多，其工艺价值就越低。品质优良的粗毛，可用以织造长毛绒、提花毛毯、地毯、呢绒等高档织品；品质差的粗毛，只能用以加工毡制品。

四、羊毛品质评定

羊毛是毛纺织品、地毯、毡制品和针织品的原料,其优劣就要看它适合于上述制品要求的程度。羊毛品质根据以下各点评定。

(一) 细度和长度

羊毛细度是指羊毛纤维的粗细,以纤维横切面直径的大小来表示,以微米(1 微米＝1/1000 毫米)为单位,或者用"品质支数"表示,其意为 1 千克净梳羊毛,能纺成 1 000 米长的毛纱数,能纺成多少根 1 000 米长的毛纱,就叫多少支纱。羊毛愈细而均匀,所纺的纱愈长,支数愈高,纱的品质也愈好。羊毛细度和品质支数的关系可参照附录中羊毛品质支数与毛纤维平均直径对照表。

羊毛长度分自然长度和伸直长度两种,前者是指自然状态毛丛自底部到顶端的直线距离,后者是指单本纤维伸直时的长度。

细度和长度的测定分实验室测定和现场测定两种方法。实验室测定羊毛细度,多用仪器直接测定羊毛横断面的直径;现场测定则用肉眼判定品质支数的多少。实验室测定羊毛长度,多用厘米直尺测定拉直(羊毛弯曲消失时)后的单本纤维的长度,现场则测定毛被的厚度,即羊毛自然长度。

羊毛的细度和长度,因品种不同而有差别,但两者之间也有一定的相关性。又细又长的羊毛其纺织性能最好,制品也更佳。如细而长的羊毛可纺织成毛哔叽、凡尔丁一类上等精纺毛料;若细度好而长度不够,只能纺织呢子一类的粗纺毛料。很粗的羊毛只能编织地毯、提花毛毯等或制毡。

（二）强度和伸度

1. **强度**　羊毛的强度系指羊毛对断裂力的应力，即拉断羊毛所需的力。羊毛的强度与织品的结实性、耐用性有关，是羊毛的重要机械性能之一。羊毛的强度有两种表示方法：一是绝对强度。即拉断单根羊毛纤维所用的力，以"克"来表示。二是相对强度。即拉断羊毛纤维时，在单位面积上所用的力，以"千克/毫米^2"来表示。

由于利用结实羊毛所制成的织品经久耐用，故毛纺工业要求具有良好强度的羊毛。羊毛的绝对强度和细度有关，在各方面条件相同的情况下，羊毛的细度与其绝对强度成正比，即羊毛愈粗，绝对强度愈大。但有髓毛中髓层愈粗，其抗断能力愈差。

绵羊由于营养不良以及疾病、妊娠、哺乳等原因，可使毛纤维某部分变细，此种羊毛强度降低。羊毛在羊体上，或剪毛后在贮存过程中，受到某些不良因素的影响，也可使其强度降低。如羊毛在羊体上受到粪尿污染，保存时受热受潮，洗毛时洗液浓度、温度过高等，都会使其强度降低。

羊毛的强度决定其生产用途，如强度不够，一般不做精梳毛，或只能做纬纱。

2. **伸度**　羊毛已经拉直后，还能继续拉长，在被拉长到断裂之前一刹那间伸长了的长度与羊毛纤维伸直长度的百分比，称为羊毛的伸度。羊毛的伸度是决定毛织品结实程度的因素之一。用伸度较小的羊毛织造的织品，做成衣服后，衣角及有皱褶的地方容易破损。

羊毛的强度和伸度有一定的相关性，影响羊毛强度的因素也影响其伸度。羊毛强度和伸度是仅次于羊毛细度和长度的重要特性，对不同细度的羊毛纤维所要求的强度和伸度也不同。

（三）弹　性

羊毛弹性是指使羊毛变形的外力一旦去掉后,羊毛能很快恢复原形的特性。如把一团羊毛捏紧,使其体积变小,但手张开后,羊毛很快地会恢复原来的体积,这就是羊毛弹性的具体表现。由于这种特性,毛料衣服能长久保持平整挺括。

（四）匀　度

羊毛匀度是指毛被中纤维间粗细一致的程度。毛被或毛丛中纤维的粗细很近似的就是匀度好,匀度好的羊毛所纺成的毛纱及其织品就均匀、光洁和结实;越不匀的羊毛,其品质越差,纺织价值也越小。

（五）毛　色

羊毛本身具有多种颜色,其中以纯白色毛为最好,因为白色羊毛可随意染成各种鲜艳的色彩。其他颜色的羊毛只能染成较深的颜色,且容易染花(深浅不匀),故价值低。

五、原毛组成和净毛率

（一）原毛组成

从羊体上剪下的羊毛,在未经任何人工处理之前,统称为原毛,也叫污毛。它由下列三种成分组成。

1. 羊毛纤维　由鳞片层、皮质层和髓层组成。

2. 生理性夹杂物　主要是羊皮脂腺、汗腺的分泌物和皮肤新陈代谢产物,如羊毛脂、汗质及皮屑等。

3. 外来夹杂物　是指来自外界环境而使羊毛受到污染的物质,如水分、植物杂质、沙土、粪块等,另外还有标记颜料、外寄生虫、外伤药膏等。

（二）净 毛 率

净毛率是指原毛经洗涤除杂后的净毛绝干重量，再加上该毛样的公定回潮率（通常为 17％）重量，占原毛样重量的百分比。净毛率的计算公式如下。

$$净毛率 = \frac{净毛绝干重 \times (1 + 公定回潮率)}{原毛重} \times 100\%$$

影响净毛率的因素较多，如品种、性别、被毛特征、饲养管理、气候环境等。通常细毛羊净毛率最低，为 40％左右；半细毛羊次之，为 50％以上；粗毛羊最高，为 60％以上。同品种内，母羊略高于公羊。羊被毛在同样密度下，羊毛越长，净毛率越高；在同样长度下，羊毛越密，净毛率也越高；被毛中油汗含量越多，净毛率越低。在风沙大的地区放牧饲养的羊群，被毛中侵入大量沙土，净毛率会大大降低。冬春用干草补饲的羊，以及在带刺、带钩植物的草地上放牧的羊，其被毛都易被植物组织污染而影响净毛率。绵羊净毛率可以通过人工的选种育种和改善饲养管理等手段来提高。

净毛率的意义在于能够准确地反映羊的真实产毛量。因此，在选择种羊时必须测定净毛率。在羊毛的商贸交易中，测定商品羊毛的净毛率，按净毛计价，公平合理。因此，在国际市场上，一般都以净毛进行交易。

六、疵点毛及其预防

凡是在品质上有缺陷的羊毛，都称为疵点毛。其成因主要是由于饲养管理不当，或者在剪毛、包装、贮运以及初加工过程中操作工艺不规范而引起。疵点毛的工艺性能显著降低，大大影响成品质量。为了提高羊毛品质，为毛纺工业提供优质原料，现就几种主要的疵点毛及其预防办法介绍如下。

（一）由于饲养管理不当造成的疵点毛

1. **饥饿毛** 也称"弱节毛"。主要是由于羊毛生长过程中的某一段时期,羊只营养严重不足,长期处于饥饿状态而导致该阶段生长的羊毛明显变细,形成弱节,又叫"饥饿痕";其次是怀孕、疾病等原因也能形成这种毛。弱节毛在加工过程中容易断裂,羊毛变短,影响成品质量。预防办法是保证羊全年均衡的营养供给,特别是冬春枯草季节的补饲,怀孕母羊怀孕后期的补饲都十分必要。另外,病羊应及时治疗。

2. **疥癣毛** 是指从患皮肤疥癣病羊身上剪下的羊毛,混有从皮肤上脱落的痂块和皮屑。患这种病的羊,皮肤正常生理机能和营养受到严重破坏,羊毛不能正常生长。所以毛细而短,干枯易断,品质低劣。混入羊毛中的皮屑、痂块等杂物在洗毛、梳理中也不易除净,给深加工及染色工艺造成很大困难。预防办法,主要是于每年羊剪毛后,进行药浴 1～2 次,十分有效。一旦发现病羊,应与健康羊分开饲养管理,并及时治疗。

3. **草芥毛** 是指羊毛中混有一定数量植物杂质的羊毛。主要是由于放牧和补饲过程中被毛沾染上植物种子和茎叶而形成。这类毛为羊毛加工过程增添许多麻烦,同时也损害羊毛品质。预防办法是不要在生长带刺带芒植物种子的草地上放牧。此类草地应在抽穗前或开花前放牧利用;补饲的干草、秸秆类饲料应铡短或粉碎,放入专门的饲槽或草架内饲喂。

4. **圈黄毛** 是指被粪尿污染的羊毛。主要在羊的四肢、腹部、后躯等部位,受污染的羊毛,颜色变黄,不易洗白,毛纤维干枯易断,羊毛品质大大降低。此类毛主要是由于圈舍地面潮湿、积水而引起,只要定期勤换垫草或勤垫干土,经常保持圈舍地面干燥清洁即可预防。

5. **油漆毛和沥青毛** 是指用油漆或沥青等在羊体被毛

上涂识别标记而形成的毛。油漆、沥青等难溶性物质给羊毛加工工艺造成极大困难，很难清除，严重影响产品质量，所以要绝对禁用这类物质做羊体标记涂料。陕西一毛厂研制的羊用涂料是可选用的理想涂料，颜色耐久不褪且容易洗掉。此外给羊做标记时，应尽量选在羊体次要部位。

6. 重剪毛　也叫二刀毛。由于剪毛技术不熟练，不是一次紧贴皮肤剪下羊毛，而是一个部位的羊毛重剪两刀，结果出现很多2厘米左右的短毛。这种短毛的存在，造成加工过程中纺纱不匀，纱线表面不光滑，直接影响成品质量。剪毛过程中，当留在羊皮肤上的毛茬不齐平时，不要重剪修整，以免出现二刀毛。

（二）由于贮存不当造成的疵点毛

1. 虫蛀毛　羊毛贮存过程中，由于存放地点湿热、不通风，为蛾类蛀虫提供了孳生环境，结果形成虫蛀毛。这种毛各种性能均受到破坏，完全失去使用价值，所以羊毛一旦遭虫蛀，损失极大。预防办法是，羊毛一定要做到通风、干燥、低温贮存，必要时还应在羊毛中放入预防性驱虫药剂。

2. 霉烂毛　是羊毛在贮运过程中受潮发霉，使羊毛品质受到破坏。预防办法是，羊体被雨水淋湿时不应剪毛，潮湿的羊毛必须晾干后再入库；运输过程中要防雨淋，贮存羊毛的地方要通风、干燥。

（三）由于遗传因素而产生的疵点毛

1. 死毛　被毛中混有一定数量的死毛纤维，则大大降低羊毛的使用价值。这种毛需要通过严格地选留种羊的办法来消除，首先是对种公羊的选留要严格，因为它有极强和极大范围的遗传性。

2. 有色毛　白色被毛中混有散生的有色毛纤维。这种毛不能用于加工白色和浅色纺织品,也影响成品质量,降低了羊毛的使用价值。白色毛用名种羊应严禁有有色斑块毛的公羊做种用。

第二节　羊　肉

羊肉是养羊业的另一主要产品,在我国肉类生产中,其产量居第三位,是我国广大人民的重要食品,特别是牧区兄弟民族的重要肉食品种。发展羊肉生产,是提高养羊业经济效益的一条重要途径。当今世界的主要养羊国家无不重视肉用养羊业的发展,甚至呈现出向以产肉为主的养羊业发展的趋势,特别是肥羔肉生产的发展十分迅速,羔羊肉的产量已超过成年羊肉,占羊肉总量的70%以上。

一、羊肉的成分和品质

羊肉含蛋白质12.6%～15.2%,高于猪肉而略低于牛肉;含脂肪6.6%～13.1%,高于牛肉而低于猪肉;每100克羊肉产热量515～724千焦,高于牛肉而低于猪肉。羊肉蛋白质中,赖氨酸、精氨酸、组氨酸、丝氨酸和酪氨酸含量均高于牛肉、猪肉和鸡肉,硫胺素和核黄素含量也高于其他肉品。

羊肉营养丰富,所含氨基酸的种类和数量符合人类营养需要。每100克羊肉脂肪中含胆固醇仅29毫克,低于其他肉类。人对羊肉的消化率亦较高,故羊肉是人类理想的营养佳品。

二、羊肉的规格标准

(一)我国绵羊肉的规格标准

一级　肌肉发育最佳,骨不外露,全身充满脂肪,在肩胛骨上附有柔软的脂肪层。

二级 肌肉发育良好，骨不外露，全身充满脂肪，肩胛骨稍突起，脊椎上附有肌肉。

三级 肌肉不甚发达，仅脊椎、肋骨外露，并附有细条的脂肪层，在臀部、骨盆部有瘦肉。

四级 肌肉不发达，骨骼明显外露，体腔上部附有沉积脂肪层。

（二）胴体的切块与分等

绵羊胴体大致可分成五大块（图 6-3），这五大块可以分成三个商业等级：属于第一等的部位有肩背部和臀部；属于第二等的有颈部、胸部和腹部；属于第三等的有颈部切口、前腿和后小腿。后腿肉是从最后腰椎处横切。腰肉是从第十

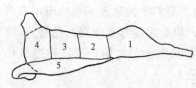

图 6-3 胴体的切分

1. 后腿肉 2. 腰肉 3. 肋肉
4. 肩胛肉 5. 胸下肉

二肋骨与第十三肋骨之间横切。肋肉是从第四至第五肋骨间至第十二肋骨间横切。肩胛肉是肩胛骨后缘至第四肋骨前的整个部分。胸下肉是从肩端到肋软骨以及腹下无肋骨部分，包括前腿胫骨以下。绵羊胴体最好的肉为后腿肉、腰肉，胴体大的，这部分能占到胴体的 50%。另外，颈部肉也好，因为这些部位的肉含有比较完全的蛋白质。

三、绵羊肉用性能测定方法

测定羊的肉用性能经常采用以下两种指标。

（一）胴 体 重

胴体重指羊屠宰放血后，剥去毛皮，去掉头、内脏及前肢

膝关节和后肢飞节以下部位后的胴体(保留肾脏及其周围脂肪),静置半小时后的重量。胴体重是度量羊产肉性能的绝对重量指标,即在同等条件下,胴体越重,产肉性能越好。

（二）屠　宰　率

是指胴体重加上内脏脂肪重与屠宰前空腹 12 小时以上羊活重的百分比。屠宰率的计算公式如下。

$$屠宰率 = \frac{胴体重 + 内脏脂肪重}{宰前活重} \times 100\%$$

除上述两种指标外,肉用性能测定指标还有:净肉率(指胴体净肉重占胴体重的百分比),骨肉比(指胴体净肉重与胴体骨重之比),眼肌面积(指第十二至第十三肋骨间脊椎上背最长肌的横切面积),背脂厚度(指第六至第十二胸椎处背部脂肪层厚度)等。可根据需要,确定测定项目。

四、发展我国羊肉生产的途径

（一）科学应用经济杂交,组织商品性肥羔生产

我国有不少地方良种都有独特的产肉性状,如内蒙古的乌珠穆沁羊,新疆阿勒泰大尾羊,小尾寒羊等,这些品种应当在进行原种选育提高的同时,广泛同其他肉用品种(如夏洛来、多塞特、边区莱斯特、罗姆尼等)进行经济杂交,以获取优质杂种后代,生产肥羔,其潜力很大。在其他一般养羊地区,也应引入良种肉羊品种,广泛开展经济杂交,以充分利用杂种优势,发展羊肉生产。杂交形式可以是两品种间的简单的经济杂交,也可以采用三品种甚至四品种间的轮回经济杂交,杂交效果一般随参与杂交品种的增多而提高。据多品种杂交试验结果表明,两品种杂交后,每只配种母羊所生羔羊到肥羔出售时的体重,较纯种提高 16.6%,三品种杂交提高 32.5%。这主要

是杂种优势和加性基因(亦称累加基因)作用的结果。杂种羔羊一般 1 月龄左右断奶,经 3～5 个月的肥育,于 4～6 月龄体重达 40 千克时宰杀,即为高档优质肥羔肉。

充分合理地发挥我国多胎品种羊的高繁殖力优势,同引入的肉用品种杂交,以生产优质肥羔肉,这是发展我国羊肉生产的主要途径之一。小尾寒羊、湖羊是我国最著名的多胎绵羊品种,特别是小尾寒羊,自 20 世纪 90 代年初以来,国内很多省、自治区都有引进,其中有些省、自治区的小尾寒羊数量现已达数万只之多,对当地羊肉生产已显示出其重要影响。但对于相当一部分的地区来讲,所引进的小尾寒羊,目前仍基本上还处在"炒种"阶段,还未真正用在羊肉生产第一线上。这里必须特别指出,小尾寒羊的最终出路是生产羊肉,就是要利用它常年发情,一胎多产的特性,作为肥羔生产的一个理想基础品种,用它的母羊同国外引入的肉用品种公羊,如陶赛特、特克塞尔、萨福克、夏洛来等进行杂交,所产杂种一代公羔可作为生产肥羔用,母羔再与第二个肉用品种公羊杂交,所产公羔可作为生产肥羔用,母羔又继续同第三个肉用品种公羊杂交,所产后代则根据需要,公羔可以作为生产肥羔用,母羔也可留种繁殖,也可作为肥羔用。

根据国外试验,肉用品种公羊和毛用品种母羊杂交,既能改进羔羊的肉用品质和提高产肉性能,又能提高剪毛量。美国用边区莱斯特羊和美利奴羊杂交,使肥羔性能有很大提高。我国一般商品羊场和载畜量高的地区,用早熟肉用公羊和细毛母羊或细毛杂种母羊杂交以生产肥羔的方法也是可行的。20世纪 70 年代末,新疆进行的用阿勒泰大尾羊和细毛羊同莱斯特、罗姆尼、德国美利奴公羊实行各种杂交组合生产肥羔的试验,充分证明了经济杂交和肥羔生产的可行性。

(二) 改进羊群结构,提高繁殖母羊比例

要想大搞当年屠宰的肥羔生产,必须提高羊群中繁殖母羊的比例。当羊群中适龄繁殖母羊的比例由 40% 提高到 60% 时,产肉量可提高 28%,产毛量可提高 13%,而饲料消耗量仅增加 16%。繁殖母羊比例增大时,羊群出生羔羊数量随之增多,就可以组织肥羔生产,这样羊群周转加快,商品率提高,经济效益也随之提高。为了提高羊群中繁殖母羊的比例,首先,要控制羊群中 1 岁龄以上的羯羊的比例,要改变我国广大农牧区饲养老羯羊的传统习惯,提倡当年羯羔,当年肥育,当年出栏宰杀。据研究,一只 5 岁龄羯羊其一生消耗的饲料量,可以饲养八只 10 月龄的肥羔;每生产 1 千克净肉的饲料消耗量,5 岁羯羊是 10 月龄羯羊的 4.46 倍。其次,要严格控制羊群内种公羊的数量,以不影响配种繁殖为原则。一般自然配种条件下,公、母比例以 1:30 为宜。

(三) 推广塑料薄膜暖棚养羊和舍饲肥育

我国北方及中西部地区,冬季气候寒冷,牧草枯黄,放牧羊群常常处于饥寒交迫的境地,营养体况急骤下降,损失很大。这些地区应大力推广塑膜暖棚养羊技术及塑膜暖棚舍饲肥育技术(具体方法见第五章第三节)。有条件的地区实施牧区繁殖,农区肥育;山区繁殖,川地肥育的羊肉生产体系,这已为国内外养羊实践证明是行之有效的办法。我国农区地域广阔,饲料资源丰富,是发展我国羊肉生产的潜力所在。

(四) 现阶段我国广大牧区应实施季节性养羊生产

即于每年秋后羊只膘肥体壮时,实施有计划的宰杀。首先淘汰老弱病残羊,以及计划肉用的放牧肥育羊。这样既可减少或避免冬春乏弱死亡损失,又可减轻冬春草场负担,利于存栏羊的冬春放牧。秋后宰杀羊只比较集中,数量也大,应在适

中的地方建立收购点、屠宰场及冷藏设施（冷库或冷藏运输车辆）。尽可能就近收购宰杀，避免活羊长距离赶运，造成体膘消耗、体重下降的损失。

（五）培育肉羊新品种

从长远的观点看，在引进良种肉羊进行经济杂交、生产肉羊的同时，还应着手培育我国自己的肉用羊新品种。在生产体制上，建立一批有规模、有水平、有影响的山繁川育、牧繁农育的肉羊生产基地，并逐步扩大，这对彻底解决我国城乡居民羊肉需求具有十分重要的战略意义。

第三节　羊　皮

一、羊皮种类和概念

羊屠宰后剥下的鲜皮，在未经鞣制前称为生皮。生皮分毛皮和板皮两类。带毛鞣制的羊皮叫做毛皮，羊毛没有实用价值的生皮叫做板皮。板皮经脱毛鞣制而成的产品叫做革。羊皮革是制作皮夹克、皮大衣等各种皮装以及皮鞋、皮包、皮箱、皮手套等各种皮制品的上等原料。

毛皮又分为羔皮和裘皮两种。所谓羔皮，通常是指由羔皮羊品种所生的羔羊，在出生后 3 日龄内宰杀剥取的毛皮，或为临近产期流产羔羊的毛皮。其特点是毛短而稀，花案美观，皮板薄而轻，用以制作皮帽、皮领及翻毛大衣等，如卡拉库尔羔皮、湖羊羔皮等。所谓裘皮，是指由裘皮羊品种所生的羔羊在1 月龄左右宰杀剥取的毛皮，其特点是毛长绒多，皮板厚实，保暖性好，主要用作防寒衣物，如滩羊二毛皮等。非羔裘皮羊种也生产羔皮和裘皮，但无特色，质量远不如专用品种好，大多是从死羔身上剥取,数量较少。

二、我国主要羔皮、裘皮的特点

(一) 湖羊羔皮

被毛纯白,其花纹类型主要分波浪形和片花形两种。前者由一排排的波状花纹组成,花纹紧贴皮板,波浪整齐规则,是湖羊羔皮中最具有代表性和最美观的一种花纹类型。后者是前者的变种,花纹不规则,没有一定的方向。根据被毛长度,羔皮分小毛、中毛和大毛三种,其被毛长度分别为 1.0~2.5 厘米、2.5~3.25 厘米和 3.25 厘米以上,各形成紧密程度不同的花纹。品质以小毛最好,大毛最差。

(二) 卡拉库尔羔皮

毛色有黑、灰、棕、彩色等,而以灰色为最珍贵,其价格通常较其他毛色高 20%~30%。羔皮的毛卷独特、美丽,根据毛卷的形状和结构,主要有卧蚕形卷、大豆形卷、肋形卷、鬣形卷、环形卷等,而以卧蚕形卷最优。典型的卡拉库尔羔皮,应当是毛卷为卧蚕形,毛卷紧实,花案清晰,弹性良好,被毛密度适中,光泽明亮而不刺眼,丝性正常,手感如丝绸样光滑柔爽。全皮面积在 1 111 平方厘米以上,皮板完整无损。

(三) 滩羊二毛裘皮

毛色白而富有光泽,适时屠宰的毛皮毛长 8 厘米左右。花穗类型分串字花和软大花等。前者毛股粗细为 0.4~0.6 厘米,毛股上 2/3~3/4 部位有弧度均匀的波状弯曲 5~7 个,毛纤维柔软,能向四面倒伏。后者毛股粗细为 0.6 厘米以上,绒毛较多,一般有 5 个左右弯曲,有弯曲部分占毛股长的 1/2~2/3。此外还有卧花、核桃花等类型,其花穗形状不规则,毛股短而松散,弯曲数少,不太美观,品质较差。

三、羔皮、裘皮品质鉴定

（一）羔皮品质的鉴定

羔皮可做皮帽、衣领和翻毛大衣。评定羔皮品质主要看是否美观。以毛绒花案为主，皮板大小为辅。羔皮鉴定的主要依据如下。

1. **花案卷曲** 标准随品种而不同。着重看各种花案卷曲的式样是否合乎各品种的特征。一般要求美丽、全面（指周身全有花案卷曲）和对称（指毛皮的前、后、背线两边的花案卷曲均匀对称）。标准花案面积愈大，其利用率愈大，价值也愈高。

2. **毛绒空足** 空是指毛绒比较稀疏，足是指绒毛比较紧密。一般讲，毛足比毛空好，但适中较为理想。毛绒空足与生产羔皮的季节有关，也与羔羊体质和发育有关。

3. **颜色和光泽** 一般毛被的颜色有白、黑、褐、灰等数种，对毛色的要求随品种而不同。光泽也很重要，病死的羔羊皮，大都缺乏光泽。保管不好，颜色和光泽都会发生变化。鉴别时，应仔细观察毛根部，白色羔皮毛根部分洁白光润。

4. **皮板质地** 一般可分为三种情况：第一种是皮板良好，厚薄适中，经得起鞣制的处理；第二种是有轻微的伤残，鞣制以后，虽然仍有痕迹，但损失不大；第三种是有严重伤残，经鞣制，皮板部分或整张被破坏。

5. **完整无缺** 羔皮要求完整，因为羔皮任何部分都有利用价值，如头、尾、四肢等虽然毛卷不同，但各有一定的风格，集腋成裘，也可作为制衣、褥的原料。

（二）裘皮品质的鉴定

裘皮主要用于制作皮袄。评定其品质的依据如下。

1. **结实** 凡皮板致密，柔韧有弹性的，则裘皮结实耐穿。

2. **保暖** 裘皮保暖力的强弱,首先取决于底绒的比例,绒多的保暖力好;其次是毛的密度和长度。

3. **轻软** 裘皮笨重的原因是由于皮板过重,毛股过长,毛过密。为了减轻重量和降低硬度,加工时可适当削薄皮板,梳去过密的毛,以达到轻裘的要求。

4. **擀毡性** 裘皮擀毡,会失去保暖力和美观性,穿着也不舒服。因此,在选择裘皮时,为了防止擀毡并兼顾轻暖的要求,除注意皮板厚薄外,还应考虑毛绒的适当比例。

5. **面积和伤残** 羊皮张幅越大,利用价值越大,皮张伤残应尽量少,尤其是主要部位应无伤残。

6. **美观** 毛股的弯曲形状、颜色和光泽都与裘皮的美观有密切关系。我国一般以全黑或全白色、毛股弯曲多而整齐为上品。

四、羔皮和裘皮的剥取、防腐与贮运

(一) 羔羊的屠宰与剥皮

羔羊的屠宰方法是否合适,对羔皮的质量影响很大。合理的屠宰方法是:先从颈部纵切皮肤,拉出颈动脉,切断放血。不可切去头部,以免影响毛皮形状的完整。放血完毕后,立即剥皮,不可等凉,以免增加剥皮难度,伤残皮板。剥皮的程序是:先从咽喉部经腹部到尾部切一纵线,或从尾部中间挑起直至颈部,遇阴囊沿一侧绕开,再在四肢内侧各切一线,直达蹄间,并在四肢蹄冠处做环形切开。

剥皮时,先剥头、颈部,后剥四肢外面及腹部,仅留颈、肩、背、臀部等。随后,捆住后腿倒挂,并将尾根切开,逐渐向下剥皮,由臀到背、颈、头部。在剥背线部时,将毛皮往下拉,就能很快剥下(图 6-4)。羔羊的腹、尾根及头部等处的皮最难剥取,

图 6-4 羊皮剥取方法示意图

稍一大意,便会造成刀伤。必须谨慎仔细。

(二) 毛皮的防腐

为了保证皮板的品质,一般在剥下后都做防腐处理。方法有以下几种。

1. **晾干法** 冬春寒冷季节宰剥的毛皮可用这种方法。毛皮除去油脂、肉屑、血块、泥土、草芥后,将毛抖顺,皮板向下,毛面向上,平铺在木板上。将头部、四肢按自然姿势拉平,但不要过分拉伸,直到皮板定形后揭下,再将皮板朝上,放在阴凉处风干。

毛皮晾干后,将板面相对叠起,10～20 张一小捆,分级堆放。必须指出:毛皮用这种方法处理后容易返潮腐败,遭受虫蛀,或因过分干燥而变脆易折。晾干的毛皮,在鞣制浸水时,需要较长时间。因此,贵重的毛皮,应当用其他方法防腐。

2. **盐腌法** 把毛皮面展开铺平,板面撒盐,涂搽均匀。头颈及尾部由于脂肪较多,应多加些盐。盐的用量一般为皮重的 15%～20%,腌过的毛皮,板面对板面叠起,经过 1～2 天,待盐溶化后,摊开阴干。干后可如前法打捆入库贮存。

3. **盐渍法** 在木桶内放入 25% 的食盐溶液,将毛皮浸入 10～15 小时。在浸渍时,可把毛皮上下翻动数次,溶液的温度最好保持 5℃～15℃。温度过低,盐液渗入毛皮缓慢;温度过高,容易腐败。浸后取出,稍晾后,再用干盐撒在皮板上,加以保存。用过的盐水,补足盐量后,还可继续使用。盐渍法可使盐水均匀地渗到皮张中去,防腐作用大。

（三）毛皮的贮运

毛皮贮存不良，会造成损失，影响利用。很多伤残，如虫蛀、鼠咬、霉烂，都是由于保管不善而引起的。任何毛皮在保存期间，都应注意防高温、防潮湿。所以，库房应清洁、通风、干燥、阴凉，地面应设木架，贮存的羊皮不直接接触地面和墙壁。

由于毛皮容易受潮霉烂，以及虫蛀鼠咬，不适宜于长期存放，应迅速交售。潮湿的毛皮，宜干后再行发运，以免途中变质受损。

羔皮外运时应用布包严，并在两侧夹上木板捆紧扎好。搬运时，不可用手直接扯拉皮张，以防损伤。

第七章　山　羊

第一节　山羊品种

目前全世界已知的山羊品种和品种群共约 150 多个,按其经济用途可分为六类:奶用山羊、毛用山羊、绒用山羊、毛皮山羊、肉用山羊和普通地方山羊。世界山羊的饲养量,根据联合国粮食及农业组织 1996 年的统计资料为 6.74 亿只。大部分分布在亚非国家,品种资源的开发利用还没有充分发挥,生产水平都较低。但可预言,随着世界人口的增长和生产技术的进步,山羊的品种资源在提高人类生活水平,特别是在提供蛋白质食品方面必将得到充分的开发和利用。

一、奶用山羊品种

目前世界上奶用山羊品种和品种群约 30 多个,主要产于欧洲。虽然欧洲山羊数量仅占世界总数的 4.2%,但其产奶量却占世界山羊总奶量的 1/4,年产奶量近 200 万吨。所以,欧洲主要饲养奶用山羊,目前世界上著名的奶用山羊品种大多起源于欧洲。

（一）萨能奶山羊

1. 原产地及分布　萨能山羊原产于瑞士伯尔尼州西南部的萨能地区,地属阿尔卑斯山区,灌木丛生,牧草繁茂,气候温和湿润,适宜放牧养畜,当地居民的基本职业是饲养乳用牲畜。优越的自然条件和当地居民的长期选育,从而形成了这一高产奶山羊品种。

萨能山羊是世界奶用山羊品种的代表,分布最广,除气候十分炎热或酷寒的地区外,几乎遍及世界各国。用它作为改良种,杂交改良地方山羊,效果显著,并由此又培育出了不少新的奶用山羊品种。

2. **外貌特征**　萨能山羊具有乳用家畜特有的楔形体型。各部位轮廓清晰,结构紧凑细致。被毛白色,个别个体毛尖有呈土黄色的,被毛由粗短有髓的毛组成,公羊的肩、背、腹和股部着生有较长的粗毛。皮肤薄,呈粉红色,随年龄增长,鼻端、耳朵和乳房皮肤上常有小的黑色或灰色斑点。头部颜面平直、较长,额宽,眼大凸出,耳薄而长并向前方平伸。角及颈部肉垂有无,不是品种特征,不可以此来判断是否为纯种。母羊颈部细长,公羊颈粗而显短。背腰长而平直,后躯发育好,肋骨拱圆,尻部略显倾斜。母羊乳房发达,但形状有别,而以乳房基部与后腹联系宽广,呈方圆形,乳头大小适中,乳房质地松软者为佳。四肢干燥少肉,肢势端正,蹄呈蜡黄色。公羊体高 80～90 厘米,体长 95～114 厘米;母羊体高 75～78 厘米,体长 82 厘米左右。成年公羊活重 75～100 千克,母羊 50～65 千克。

3. **生产性能**　萨能山羊具有早熟、长寿、繁殖力强、泌乳性能好等特点。头胎多产单羔,经产羊多为双羔或多羔,繁殖率为 160%～220%。泌乳期 10 个月左右,以产后 2～3 个月产奶量最高,305 天的产奶量为 600～1 200 千克,乳脂率 3.2%～4.0%。萨能山羊产奶量的高低,受营养因素的制约很大,只有在良好的饲养条件下,其泌乳性能才能得到充分发挥。近半个世纪以来,由于育种和营养科学的应用,该品种的产奶记录一再被刷新,如 20 世纪 50 年代英国一只萨能羊 365 天的产奶记录为 2 856.36 千克,1974 年奥地利萨能羊的个体产奶记录一个泌乳期为 3 080 千克,可见萨能山羊的泌乳潜力是很大的。一只高产奶羊一个泌乳期的产奶量一般应达1 400~1 800千克,其产奶量按体重比例比奶牛高 1 倍。

目前我国的奶山羊,绝大多数是萨能山羊及其杂交种,生产性能因地区和饲养水平差异较大,一般一个泌乳期产奶量为 400~1 000 千克,最高日产量 10.05 千克,个体最高产奶量,365 天达 2 194 千克。

萨能山羊的汗液膻味较大,受此影响,奶中膻味也较浓,是其缺点。故挤奶时,应远离公羊,所挤羊奶尽早利用,不宜搁置太久。

4. 适应性 萨能山羊的适应性和抗病力都比较强,既可在牧草生长良好的丘陵山地放牧饲养,也可在平原农区舍饲。它性情温顺,成熟早,产奶量高,深受世界各国欢迎。但因其皮下脂肪少,被毛稀疏,故不宜在严寒酷暑环境中饲养,要求地势高燥,冬季气温不低于-16℃,夏季不超过 36℃为宜。

(二)吐根堡奶山羊

1. 原产地及分布 吐根堡山羊原产于瑞士东北部圣加仑州的吐根堡盆地。由于能适应各种气候条件和放牧管理,体质结实,泌乳力高,风土驯化能力强,而被大量引入欧、美、亚、非及大洋洲许多国家,进行纯种繁育和改良地方品种,与萨能山羊享有同样声誉,对世界奶山羊的育种贡献很大。我国在抗日战争前曾有外侨引入该种,但为数不多,饲养在四川、山西等地,现除晋南有少量杂种外,别处无此种羊。

2. 外貌特征及生产性能 吐根堡山羊呈浅或深褐色,有长毛种和短毛种两种类型。长毛种背部和大腿部长有 20 厘米长的粗毛,现已为数不多。吐根堡山羊的毛色随年龄增长而变浅,颜面两侧各有一条灰白色条纹,颈部到尾部有一条白色背线,鼻端、耳缘、臀部、尾下、股内为灰色或白色,四肢下部的白色"靴子"和浅色乳镜是该品种的典型特征。公、母羊皆有须。多数羊无角而有肉垂。四肢较长,蹄壁蜡黄色,乳房发育良好。体格较萨能羊小,体高 70~78 厘米,公羊活重 60~82 千克,母羊 45~55 千克,一个泌乳期的产奶量 600~1 200 千克。产奶量因产地不同而有明显差别,如在英国一个泌乳期为 1 000~2 000 千克,瑞士为 600~1 200 千克,品种最高产奶记录为美国一只吐根堡山羊,305 天产奶 2 613.63 千克,乳脂率较萨能羊高,为 3.5%~4.0%。

本品种耐粗饲,耐炎热,适应性较萨能羊强,遗传力稳定,杂交改良地方品种时,杂种后代表现出其特有的毛色特点和较高的泌乳性能。汗液中膻味较轻,因此奶的膻味也较萨能羊奶为轻。

(三) 我国的奶山羊品种和品种群

我国也培育出了一些产奶较好的地方品种。瑞士奶山羊最早引入我国是 1904 年,我国现在的崂山奶山羊,就是这些羊与地方品种杂交,经过长期繁育而形成的。1932 年我国第一次从加拿大引入大批奶山羊,最初饲养在河北定县,1938 年转到陕西武功。目前,大部分省、自治区都有奶山羊饲养,而以陕西、山东、浙江、河南、河北、山西、江西、四川、云南等省较多。我国奶山羊饲养业主要是新中国成立后发展起来的,特别是近 10 年来进展很快。现在全国奶山羊数量已超过 100 万只,其中 50%分布在陕西省。随着奶山羊数量的增加,品种培育工作也取得了相应的效果。现在已有体大、高产、遗传力强的西农奶山羊和量多、面广、产奶量较高的关中奶山羊,以及历史悠久、产奶性能优良的崂山奶山羊等品种群,不用多久,我国将会育成更多的新的奶山羊品种。

1. **西农奶山羊** 西农奶山羊是位于陕西的西北农业大学培育的。从 1938 年开始，以从加拿大引进的萨能山羊为基础，在长期纯种繁育过程中，经过不断地严格选择，精心培育，形成了适合我国气候条件的体格大、产奶量高、改良地方品种效果显著的新品种群。在体型外貌、生产性能等方面已与原产地萨能山羊有明显差别，体质结实粗壮，体格明显变大，产羔率达 202%～236%。在饲料丰富稳定的条件下，80 只羊一个泌乳期的个体平均产奶量在 1 000 千克以上。405 号母羊 10 个胎次泌乳 2 974 天，共产奶 10 751.3 千克，创终生泌乳量最高记录。

西农奶山羊是我国奶山羊种羊的主要来源。1949 年以来先后为全国 25 个省、市、自治区提供了 2 400 余只种羊，为我国奶山羊的发展，特别是对建立陕西奶山羊基地做出了重大贡献。

2. **关中奶山羊** 主要分布在陕西渭河平原（关中盆地），渭河北部的富平、三原、铜川等县、市最多。当地人民饲养奶山羊的历史较久，但发展缓慢，直到 20 世纪 50 年代末，由于乳品加工工业的兴办，刺激了群众饲养奶山羊的积极性，到 70 年代末奶山羊数量发展到 40 余万只，并由于大量引进西农奶山羊杂交改良当地奶山羊，使体格和生产性能均有显著提高，产奶量一个泌乳期达 400～700 千克。

1977 年 4 月全国养羊会议，和同年 7 月农林、商业、外贸、轻工四个部和全国供销总社在"全国家畜改良区域规划"通知中，提出将西农奶山羊和关中奶山羊共同命名为陕西奶山羊，列入全国主要良种。

3. **崂山奶山羊** 产于山东半岛崂山县。该地区是我国发展奶山羊较早的地区之一。20 世纪初，从国外引入的萨能山羊与当地山羊杂交,所生杂种羊较当地山羊体格大、产奶多、耐粗饲,促进了群众饲养奶山羊的积极性,后经长期选育而形成了这一地方良种。新中国成立以来发展很快,先后向江西、浙江、江苏、陕西、山西等地提供种羊15 000只左右,对我国奶山羊的发展起了重要作用。

崂山奶山羊的活重,公羊约 80 千克,母羊 45 千克。泌乳期 7～8 个月,产奶量约 450 千克,最高产奶记录 2 000 千克,乳脂率 4%。母羊头胎产羔率为 130%,二胎产羔率 160%,三胎可达 200%以上,平均产羔率为 170%～190%。

崂山奶山羊毛色纯白,毛细短,皮肤呈粉红色、富弹性,成年羊头部及乳房皮肤上多有黑色斑点。公、母羊大多数无角。体质结实,结构紧凑而匀称,头长额宽,耳薄而长向前外方伸展,公羊颈粗短,母羊颈细长,胸宽广,肋骨开张良好,背腰平直;母羊腹大不下垂,乳房基部宽广,附着良好,乳头大小适中,四肢端正,蹄质结实。整体结构具有良好的乳用体型。目前当地有关部门正积极开展育种工作,在扩大数量的同时,加强种羊选择和培育,并引进西农奶山羊,以期进一步地提高品种产奶性能。

二、肉用山羊品种

(一)波尔山羊

波尔山羊原产于南非共和国,是目前世界上最优秀的肉用山羊品种。德国、法国、澳大利亚、新西兰、美国、加拿大等国以及一些非洲国家都曾相继引入该品种,用以杂交改良当地山羊,效果均较显著。1995 年以来,我国先后从德国、南非共和国和新西兰等国引入波尔山羊,目前纯种数量已达到 6 000只左右。主要分布在陕西、江苏、北京、四川、山东、河南、浙江、湖北、江西、山西、贵州等地。据各地的饲养繁育结果反映,该品种对引入地区的环境适应能力强,杂交改良当地山羊的效果也都十分满意。

1. 外貌特征　体躯被毛白色,头、颈、耳及双侧眼睑部呈浅棕色或深棕色,但不超过肩部,并从前额中间至鼻端有一条规则的白色毛带。头结实强健,鼻梁明显隆起,耳宽而长并下垂,眼清秀明亮,头、颈、肩结合良好,颈粗壮,体躯长、宽、深,肋骨开张良好,胸宽深,背腰平直,腹大而紧凑,尻部长、宽而略有倾斜,腿臀部肌肉丰满,四肢较短但结实有力,尾直而上翘。

2. 生产性能　波尔山羊体格大,生长发育快。成年公羊体高 75～90 厘米,母羊 60～75 厘米;成年公羊体重 90～135 千克,母羊 60～90 千克;公羔初生重 3.5～4.5 千克,母羔 3.0～3.5 千克;4 月龄公羔体重 25～35 千克,母羔 20～30 千克。性成熟早,母羊 6 月龄即性成熟,常年发情,一年四季均可配种产羔。产羔率高达 160%～200%,平均一胎产羔 1.93 只,羔羊繁殖成活率 123%～184%。据统计,母羊一胎双羔率达 50% 以上,一胎三羔的比例约占 1/3。其繁殖能力可维持到 10 岁龄左右。产肉性能突出,肉品质好。屠宰率 9～10 月龄为 48%,周岁时为 50% 以上。初生至 3 月龄日增重平均 200 克,3～6 月龄 225 克,6～9 月龄 205 克,9～12 月龄 190 克。胴体肉厚而不肥,肉质鲜嫩多汁,膻味轻,风味好,颇受消费者欢迎;耐粗饲,采食广,尤其喜食灌木类植物。

可以预计,波尔山羊以其优越的产肉性能和良好的适应环境能力,以及在我国各地理想的杂交改良效果等品种优势,将会成为今后我国发展肉用山羊业的主导品种。

(二)南江黄羊

南江黄羊原产于四川省南江县,是以成都麻羊、金堂黑山羊、努比山羊为父本,南江本地山羊为母本,采用复杂的育成杂交方法,经 30 多年培育而形成的适于我国南方山区,以放牧饲养为主的肉用型山羊新品种。1995 年 10 月通过农业部组织的验收鉴定。目前,群体数量约 10 万余只。南江黄羊产肉性能比较理想,可以说是我国培育的第一个肉用山羊品种。自品种群体形成以来,已向全国 22 个省、市、自治区推广种羊5.8 万余只,在各地纯种扩繁,或与当地山羊杂交改良效果均较显著。例如,浙江省引入南江黄羊与本地山羊杂交,杂种一代羯羊 11 月龄活重与胴体重分别达到 32.10 千克和 17.58千克,屠宰率达 54.81%,明显优于当地山羊。

南江黄羊是以南江县北极牧场和圆顶子牧场为基地而育成。当地海拔 800～1 500 米,年均气温 11℃,最高 36.5℃,最低-8.7℃,年降水量 1 400 毫米左右,无霜期 220 天,农作物一年两熟。该地区多草山、森林,羊群终年放牧,夏秋季在高海拔山地放牧,冬春转移到河谷低地放牧,故形成该品种耐粗放饲养管理、采食能力强、适应性广等特性。

1. **外貌特征**　全身被毛为黄褐色,但色调有深浅之分,背脊具有黑色毛带。公羊前胸、颈下及肩部被毛较长且毛色较深,四肢上端也着生黑而长的粗毛。头较大,公羊颈较粗,母羊颈细长,颈肩结合良好,耳长、直或微下垂。有角(占 61.5%)或无角(占 38.5%),角向后上方外展呈"八"字形。公、母羊均有胡须,部分个体有肉髯。背腰平直,前胸宽深,后躯丰满,体躯各部结构匀称近似圆桶状,尻部略倾斜,四肢粗壮,蹄质结实。

2. **生产性能**　体重指标 6 月龄公羔 16.18～21.07 千

克,母羔 14.96～19.13 千克;周岁公羊 32.2～38.4 千克,母羊27.78～32.95 千克;成年公羊 54.06～67.01 千克,母羊37.25～45.50 千克。产肉性能良好,在放牧条件下,6 月龄宰前活重 21.55 千克,胴体重 9.71 千克,屠宰率 47.10%;10 月龄宰前活重 30.78 千克,胴体重 15.05 千克,屠宰率 49.0%。南江黄羊肉质好,并具有早期屠宰利用的特点,加之其常年四季发情,可全年组织羔羊生产,产羔率高等特点。因此,非常适合于肥羔肉生产的要求。该品种产羔率为 187%～219%,其中第一胎双羔比例为 65.93%,一胎三羔及三羔以上比例为13.61%。据部分引种地测定的产羔率,浙江玉环县 192%,福建福州市 219%,陕西南郑县 187%。

（三）马头山羊

马头山羊主要产于湖南省常德、黔阳和湖北省恩施、郧阳等地,与之毗邻的四川、陕西、河南、贵州等邻近地带也有分布,现有数量约 30 余万只。是我国南方山区一个肉用性能比较好的地方山羊品种。

1. 外貌特征 公、母羊均无角,头较长、大小适中、形似马头。两耳向前略下垂,少数羊颈下有一对肉垂,公羊颈粗短,母羊颈细长。体格较大,体躯呈方形,结构匀称,背腰平直,肋骨开张良好,后躯丰满,尻略倾斜。被毛以白色为主,次为黑色及杂色。被毛按毛长度可分为长毛型和短毛型两种;按背脊可分为“双脊”和“单脊”两种。而以“双脊”长毛型羊品质较好。

2. 生产性能 马头山羊 6 月龄左右性成熟,10 月龄左右即可配种繁殖。全年发情,但以春秋季为多,可一年产两胎,或两年产三胎,每胎产羔 1～4 只,产羔率 182%～200%。成年公羊平均体重 43.81 千克,母羊 33.70 千克;幼龄期生长发育快,1 岁龄羯羊可达成年羯羊的 73.23%。在放牧加补饲条件下，7月龄体重可达 23.31 千克，屠宰率 52.74%，成年羯羊屠宰率 60%左右。板皮面积大，洁白，弹性好，是制革的上等原料。被毛是制作毛笔、笔刷的好原料。

马头山羊是我国长江以南诸省的一个地方良种，为适应当前市场对羊肉需求量大的形势，在加强该品种本品种选育提高的同时，应在产区内划出一定地区范围、相当数量的羊只，引入波尔山羊开展杂交改变。一方面利用杂种优势生产肉羊，另一方面根据杂交效果，积极地有计划地开展杂交育种工作，以求培育出我国新的肉用山羊品种。

三、绒肉兼用山羊品种

我国山羊品种中，多数是绒肉兼用山羊，分布范围最广，以西北、华北、东北为最多，西南部分地区也有分布。比较著名的有以下几个品种。

（一）辽宁绒山羊

辽宁绒山羊是我国产绒量最高的一个品种。原产于辽宁省盖县、庄河、岫岩、凤城、宽甸及辽阳等县。近年先后引种到陕西、甘肃、新疆、内蒙古等省、自治区，杂交改良地方山羊效果显著，杂种一代产绒量提高2～3倍。

1. 外貌特征　毛色纯白，体格大，体质结实，头较大，颈宽厚，背平直，后躯发达。公、母羊都有角有须，公羊角粗大并向两侧平直伸展，角长约 40 厘米，母羊角较小，向后上方生长，角长约 20 厘米，四肢健壮有力。

2. 生产性能　被毛由绒毛和粗毛混合组成，绒毛平均长度 7 厘米，粗毛长 16 厘米。公羊产绒量平均 600 克，最高可达1 000 克，产毛量 700 克；母羊产绒量 400 克，最高 750 克，产毛量 500 克。绒毛平均细度 17 微米左右。公羊活重平均 50 千克,母羊 40 千克,屠宰率 42%。公、母羊 7～8 月龄开始发情,周岁产羔,羔羊初生重 2.5 千克左右,平均产羔率 120%。

辽宁绒山羊的绒、肉生产性能均较高。今后应在逐步扩大数量的同时,加强本品种的选育,进一步提高品种质量,并为改良我国其他绒肉山羊的质量,大量提供优良种山羊。

（二）内蒙古白绒山羊

主要分布于内蒙古自治区西部的巴彦淖尔盟、鄂尔多斯市、阿拉善盟,数量约 380 万只。所产白山羊绒,品质优良,在国际上享有很高声誉,鄂尔多斯山羊绒衫厂用内蒙古白原绒生产的无毛绒,被日本腾井毛纺株式会社誉为世界第一流产品。内蒙古白绒山羊连续三年获意大利柴格那公司设的柴格那国际奖。该公司用内蒙古白山羊绒生产的纯白羊绒衫,被誉为"白如雪,轻如云,软如丝"的天然珍品。近几年,日本、澳大利亚、朝鲜等国都争相购买该品种山羊。

内蒙古白绒山羊产区地处蒙古高原,海拔 1 300～1 500 米,气候干燥多风,年降水量 80 毫米左右,水源不足,植被稀疏,冬季严寒,夏季酷热,年平均气温 7.6℃,无霜期 100 天左右,为荒漠、半荒漠草原地带,该种山羊是在内蒙古山羊的基础上,经长期自然选择和人工选育而成。

1. 外貌特征　内蒙古白绒山羊有三个类型,即"阿尔巴斯型"、"二狼山型"、"阿拉善型",它们的外貌特征基本相似,公、母羊均有角有须。公羊角向后上方向外捻曲,呈扁三棱形,长约 60 厘米;母羊角小,长约 25 厘米。头中等大小,鼻梁微凹,耳大向两侧半下垂。体形近似方形,后躯略高,背腰平直,尻略斜,四肢粗壮结实。被毛分内外两层,外层为光泽良好的粗长毛,长 12～20 厘米,细度 83.8～88.8 微米;内层绒毛长 5～6.5 厘米,细度 12.1～15.1 微米。按其被毛状态可以明显地划分为两种类型:长细毛型和短粗毛型。前者外层被毛长而细,光亮如丝,产绒量低;后者外层被毛短粗,但产绒量高。应为本品种重点发展和选育的类型。本品种山羊被毛颜色较杂,其中白色的占 85.9%,黑色的占 10.4%,紫色及其他杂色的占 3.7%,今后选育应以白色为主,淘汰杂色羊。

2. 生产性能 秋季公羊活重 52～58 千克,母羊 30～45 千克,屠宰率 40%～50%。平均产绒量 360 克左右,最高达 870 克,粗毛产量与绒毛产量相近。繁殖率较低,多为单羔,一年一胎。母羊日泌乳量 500～1 000 克。羔羊发育快,成活率高。

内蒙古白绒山羊是一个适应性强、产肉多、绒毛增产潜力大的地方良种。内蒙古自治区组建了内蒙古白绒山羊育种委员会,全面负责品种的选育提高工作。实践已证实,发展白绒山羊已成为振兴当地经济,增加农牧民收入,实现畜牧业产值翻番和农牧民脱贫致富的一条重要途径。

（三）开士米山羊

主要产于我国西藏自治区西南部的喜马拉雅山和冈底斯山地区,故又名西藏山羊。除我国外,克什米尔地区、印度、巴基斯坦、伊朗、阿富汗等国也有分布,为世界著名的绒肉兼用山羊品种。体躯被毛多为白色,有的个体颈部、背部有红色、黑色或褐色斑点,也偶有黑色及褐色个体。被毛由内外两层纤维组成,外层为粗硬的、长 12 厘米左右的有髓毛,内层则为有绢丝样光泽的细软的绒毛。其生产性能因产地而异,羊体活重变动在 20～68 千克之间,产绒量 150～450 克,绒长 2.5～9 厘米,绒毛很细,品质支数为 90～110 支,粗毛产量 500 克左右。

开士米山羊适宜于高寒山区饲养,不宜在湿热地带繁育,曾被运往美国、英国、法国等地,均未获成功。

(四)河西绒山羊

原产于甘肃省河西走廊一带,包括酒泉、张掖、武威等5地(市)20个县(区)。主要产区为河西走廊西端的肃北蒙古族自治县、阿克塞哈萨克族自治县和祁连山区的肃南裕固族自治县、天祝藏族自治县。产区大部分为荒漠半荒漠地带,气候干燥,年降水量80~200毫米,无霜期约130天,冬季严寒,夏季炎热,年均气温8℃左右,最高27℃(7月份),最低-26℃(1月份),自然生态条件较为严酷。河西绒山羊就是在这样的条件下,经长期的自然选择和人工选择形成的地方良种,适应性极强。20世纪末存栏数约73万只。为了进一步提高品种产绒性能,肃北、阿克塞、肃南等主产区于20世纪80年代中期引入内蒙古白绒山羊和辽宁绒山羊杂交改良当地山羊,收到了满意的效果,对全面提高品种质量和增加当地农牧民经济收入起了重要作用,并成为该品种的主要生产基地。

1. **外貌特征** 体质结实,体躯结构紧凑,侧视近似正方形。四肢高而强健,前肢端正,后肢多略显X状。被毛光亮,毛色以白色为主,其次有黑色、青色、棕色和花色等,其中白色个体占79.5%,主产区达90%以上。公、母羊均有角,角形扁平,公羊角粗而长并向外后上方伸展。被毛外层为粗而略带弯曲的长毛,呈松散而不清晰的毛股结构;每年秋末冷季来临之际,被毛下层即开始生出纤细的绒毛(即山羊绒)构成毛被的内层毛。

2. **生产性能** 成年公羊春季平均体重38.5千克,成年母羊26.5千克;周岁春季体重公羊18.2千克,母羊17.2千克。产绒量,成年公羊平均323.5克,母羊279.9克;周岁公羊产绒量平均225.0克,母羊220.5克;羊绒纤维直径13.5~

14.5 微米。河西绒山羊羔羊生长发育快,5 月龄活重可达到 20 千克,由此可以看出其用于肥羔生产的潜力。河西绒山羊还有比较好的产奶性能,当地农牧民素有吃山羊奶的习惯。母羊产羔后 2 个月左右,当羔羊可以跟群放牧时,即开始挤奶。每天早晚挤奶两次,日产奶约 0.4 千克,产奶期约 150 天,产鲜奶 60 千克。鲜奶除鲜饮外,还用于制作酥油、酸奶和干酪等奶制品。母羊繁殖季节较长,从 5 月份开始发情直到翌年 1 月份,年产羔一次,一胎一羔,双羔极少。

河西绒山羊四肢灵活,采食力强,耐粗饲,抗病力强,适宜高山远牧,很少春乏死亡。近年有些地方引进波尔山羊同当地山羊杂交,这无疑会促进当地山羊肉产业的发展。但必须指出,这需要一个科学合理的规划。河西绒山羊的主产区,应当保种选育,坚持产绒的主方向。在近城郊区的农区、半农半牧区可以用波尔山羊开展杂交繁育,以提高山羊产肉性能,增加农牧民收入,提高山羊业经济效益。

(五)陇东黑山羊

该品种主要产在甘肃陇东黄土高原区的环县、合水、华池等县。产区东部为子午岭林区,气候湿润,灌木丛生,牧草生长旺盛,年降水量约 550 毫米;中西部气候较干燥,年降水量 350 毫米左右,牧草生长较差,属半农半牧区,草场广阔。陇东黑山羊是当地自然条件和长期人工选育条件下形成的地方品种,它以生产明亮美观的黑猾皮和紫绒而闻名。

1. **外貌特征**　体格较小,体质结实紧凑。被毛以黑色为主,占 77%,其次有青色、白色、花色等。体形侧视近正方形,结构匀称,十字部略高于鬐甲部。被毛分内外两层,外层被毛粗长明亮,略带波浪弯曲,内层为纤细柔软、色浅的绒毛。公、母羊均有角有须,角形有拧角和立角两种,以前者较多。拧角是从角基开始向上向后外方伸展,角体较扁,呈半螺旋状扭曲;立角自角基直立向后上方伸展,角体较圆无扭曲。蹄质坚实呈灰黑色。

2. **生产性能**　成年公羊春季平均体重 24.1 千克,母羊 19.5 千克;产绒量成年公羊约 190 克,母羊约 185 克,羊绒细度 14 微米左右。该品种产肉性能尚好,放牧条件下,公、母羊活重即可达 43 千克左右,表明其抓膘性能强,容易肥育,而且肉质鲜美。屠宰率 46%。羔羊 6 月龄左右性成熟,8 月龄左右配种,一生产羔 6～8 胎,双羔率 2%～4%。母羊发情季节为 8 月份至翌年 1 月份,以 2～4 月份产羔最多。少数地区羊群的双羔率可达 30%以上。该品种合群性好,耐粗饲,抗病力强,除雨雪天外,终年放牧可不予补饲。

为了提高陇东山羊业的经济效益,自 1987 年以来,产区部分地区引进辽宁绒山羊和内蒙古白绒山羊等品种进行杂交改良,收到满意效果。在已经开展的近 10 年的杂交改良基础上,从 1996 年开始,由甘肃省畜牧研究所主持,开展了陇东白绒山羊品种类群培育的育种工作,到 2001 年,新类群羊基本形成,数量达 1.68 万只,并向周边地区出售种羊 2 500 余只。新类群羊体型外貌一致,体质结实紧凑,被毛纯白,体格中等大小,公、母羊均有角,公羊角粗大,呈螺旋状向上向后外方伸展,母羊角扁平而小,向上向后外方伸展。公羊春季体重 30～32 千克,母羊 22～25 千克;产绒量,成年母羊平均 350 克,成年公羊 484～651 克,最高 1 045 克;羊绒平均细度 14.75 微米。2001 年该项目通过省科委组织的鉴定验收。与会专家一致认为,应当在新类群的基础上,进一步地继续提高质量,扩大数量,优化畜群结构,组织实施更高层次的育种工作,完全有可能培育出陇东绒山羊新品种。

（六）乌珠穆沁白绒山羊

该品种主要产于内蒙古自治区锡林郭勒盟东、西乌珠穆沁旗。1994 年 7 月正式通过验收命名，数量约 50 万只以上。产区属中温带大陆性气候，冬季寒冷，夏季炎热，无霜期108～118 天，降水量 200～350 毫米。属草甸草原，牧草繁茂。

乌珠穆沁白绒山羊是长期本品种选育而形成的优良品种。属草原型绒肉兼用山羊品种，具有体格大，抗逆性强，早期生长发育快，抓膘能力强等特点。

1. 外貌特征　面部清秀，鼻梁平直，身长体大，体质结实，结构匀称，胸宽深，背腰平直，四肢粗壮，蹄坚实，行动敏捷，善走远牧。70%左右个体直角，但在个别地区无角羊可达50%以上。无角个体抓膘保膘能力强，脱绒较早。被毛白色，有长毛型和短毛型两种，以短毛型羊居多。短毛型羊的绒毛和粗毛长度几乎相等。

2. 生产性能　产绒量超过内蒙古白绒山羊而接近辽宁绒山羊，成年公羊平均 515（245～785）克，成年母羊 440（200～760）克；育成公羊 380（150～625）克，育成母羊 380（170～500）克。绒纤维平均直径 15.4 微米，长度 4.2～4.4 厘米。抓绒后体重，成年公羊平均 56.6 千克，母羊 36.3 千克；育成公羊 32.9 千克，育成母羊 26.0 千克。在纯放牧条件下，8 月龄羯羊活重可达 30 千克，1.5 岁龄时 36.5 千克，屠宰率42%～45%。肉质细嫩，无膻味，瘦肉率高。繁殖性能尚好，经产母羊产羔率 114.8%，双羔率可达 20%左右。产羔母羊除哺育羔羊外，还可日挤奶 0.5～1.5 千克，挤奶期 3～4 个月，是产区牧民奶食品来源之一。

（七）罕山白绒山羊

罕山白绒山羊主要分布在内蒙古通辽市的扎鲁特旗、库伦旗、霍林郭勒市和赤峰市的巴林右旗、巴林左旗、阿鲁科尔沁旗。目前该品种羊数约 100 万只。罕山白绒山羊是 20 世纪 80 年代初引进辽宁绒山羊杂交改良当地山羊的基础上，逐渐选育形成的地方优良品种，1996 年自治区正式验收命名。该品种的主要特点是体格大，适应性强，采食力强，抓膘性能好，羊绒产量高而品质好。

1. **外貌特征** 被毛纯白色。面部清秀，两耳向两侧伸展或半垂。公、母羊均有角，公羊为螺旋状大角，向后外上方扭曲伸展；母羊角细而长。额前有一束长毛，颌下有髯。颈肩结合良好，背腰平直，四肢粗壮端正，尾上翘。体质结实，结构匀称。

2. **生产性能** 抓绒后体重，成年公羊为 47.5 千克，成年母羊 34.2 千克；育成公羊 30.6 千克，育成母羊 24.2 千克。产绒量，成年公羊 708.4 克，成年母羊 487 千克；育成公羊 440.4 千克，育成母羊 381 千克。绒纤维长度 4.5～5.5 厘米，绒纤维细度 14.71 微米。成年羯羊宰前活重 51.4 千克，胴体重 23.3 千克，屠宰率为 46.2%；周岁羯羊相应为 35.9 千克，15.6 千克，43.4%。母羊产羔率平均为 114.2%。

罕山白绒山羊是新培育的品种，应继续按绒肉兼用方向选育提高，注意羊绒细度不要超出 15 微米。为此，特别要选用产绒量高、羊绒细度理想的优秀公羊，以求进一步地稳定和提高整体品种的产绒性能，并同时兼顾肉用性能的选育和提高。

（八）新疆白绒山羊

新疆白绒山羊是以当地新疆山羊为母本，辽宁绒山羊、野山羊（北山羊 Capraibex）为父本，采用育成杂交方法，即选择以二代理想型母羊及部分三代母羊同三代理想型特培公羊进行横交，并适当应用近交等方法培育而成。1994 年达到品种标准的母羊约 1.86 万只，各类杂种羊 30 余万只。主要育种区为北疆乌鲁木齐、达板城地区。该品种具有体格大、产绒量高、绒纤维细等特点,同时耐粗放饲养管理,适应性强。

1. **外貌特征** 被毛白色,公、母羊均有角并向后外上方伸展,颌下有髯,背腰平直,体躯深而长,四肢端正,蹄质坚实,尾尖上翘。含有野山羊血液的羊其头部角基处及耳根处有黄色被毛,部分母羊的角为直立角型。

2. **生产性能**

(1)不含野生羊血统的羊 成年公羊产绒量 548.37(220~1 350)克,成年母羊 368.60(100~840)克;周岁公羊产绒量 394.02(160~810)克,周岁母羊 368.56(140~690)克;成年公羊体重 46.74(40~65)千克,成年母羊 32.97(25~47)千克;周岁公羊体重 25.06(18~32)千克,周岁母羊 22.78(16~29)千克。羊绒细度 15~16 微米,羊绒长度 5.5 厘米。

(2)含野山羊血统的羊 产绒量成年公羊 544.02(230~1 040)克,成年母羊 350.7(110~630)克,周岁公羊 345.07(160~810)克,周岁母羊 345.36(160~650)克;体重成年公羊 51.41(37~71)千克,成年母羊 34.82(24~46)千克,周岁公羊 26.35(21~34)千克,周岁母羊 22.58(18~28)千克。羊绒细度 12~14 微米,羊绒长度 5.5 厘米。

从上述生产性能可以看出,新疆白绒山羊,在产绒量、体重等重要指标上个体间的差异很大。例如成年母羊最高产绒量 840 克,最低只有 100 克(不含野血者)。这一方面表明品种的一致性需要提高,另一方面也表明提高的潜力很大。

新疆白绒山羊近 10 多年来已向其境内各地推广种公羊数千余只,对改良新疆山羊发挥了极其重要的作用。从各地反馈的信息得知,改良效果十分满意,尤其是产绒量的提高幅度很大,改良羊的产绒量比当地山羊高出 80%~210%,深受推广地区农牧民欢迎。今后新疆白绒山羊的育种目标应当是在现有基础上,坚持原来的育种方向,努力提高品种内个体间性能的一致性,特别是要利用好野山羊这一特殊的遗传资源,尽量扩大其影响面,使其体格大、体质强壮结实、强悍、抗逆性强、羊绒细等优良特性在品种中得到充分体现,以求培育出我国独具特色的绒山羊新品种。

(九)柴达木绒山羊

柴达木绒山羊产于青海省海西蒙古族藏族自治州柴达木盆地境内的德令哈、乌兰、都兰和格尔木等县(市)。该品种是以辽宁绒山羊为父本,柴达木山羊为母本,采用育成杂交方法培育而成。2000年通过省级验收鉴定,并正式命名为柴达木绒山羊。目前该品种山羊及其改良羊已达50余万只。

1. **外貌特征** 面部清秀,鼻梁微凹。公、母羊均有角,公羊角粗大,向两侧呈螺旋状伸展;母羊角细小,向上方扭曲伸展。被毛纯白,呈松散毛股结构。被毛类型分细长型和粗短型两种。细长型被毛的外层有髓毛长而光泽好,并有少量浅波状弯曲;粗短型被毛的有髓毛较短、无弯曲。体质结实,结构匀称,侧视体形呈长方形,后躯略高,四肢端正有力,蹄质坚实,善登高远牧,采食抓膘能力强,对高原寒冷地区具有较好的适应性。

2. **生产性能** 体重成年公羊约36千克,成年母羊27千克;周岁公羊体重约19千克,母羊约16千克;产绒量成年公羊平均450克,母羊360克。绒纤维直径14.16~14.48微米,绒毛自然长度5厘米左右。成年母羊产羔率105%左右。产肉性能,成年羯羊胴体重17.3千克,屠宰率46.8%;1.5岁羯羊胴体重9.6千克,屠宰率48.3%。肉质颜色鲜红、细嫩,无膻味。

柴达木绒山羊是在青藏高原比较严酷的生态环境中培育出的绒山羊品种，对当地荒漠、半荒漠草原以及高海拔、干旱的生态环境表现出很强的适应能力，生产性能稳定，改良当地山羊效果明显，并因此而使青海省山羊绒的商品生产基地初步形成，山羊绒加工企业已发挥龙头企业的带动作用，促进绒山羊业向更大规模的生产经营方向发展。柴达木绒山羊今后的目标，应当在进一步选育提高品种质量的同时，迅速扩大数量，为青海地区大面积改良当地山羊，发展绒山羊业提供更多的合格种羊。

四、毛用山羊品种——安哥拉山羊

（一）原产地及分布

安哥拉山羊起源于小亚细亚半岛，现土耳其安纳托利亚高原中部和东南部干旱地区，并以中部地区安卡拉为中心，周围一二百公里地带分布数量多、质量好而得名。它是一个古老的培育品种，早在 2 500 年前就已生产优质山羊毛。原产地气候干燥，属大陆性气候，夏季气温可达 30℃，冬季一般 -20℃，年降水量 300～400 毫米，春季干旱，草场贫瘠，主要为蒿属植物和一些沙生植物，牧草种类少，属干旱草原地带，海拔 900～1 200 米。

安哥拉山羊的分布状态，除土耳其外，南非、美国、莱索托、阿根廷等国数量亦不少，其次澳大利亚、俄罗斯也有一定数量。

（二）外貌特征

安哥拉山羊全身被毛白色，羊毛有丝样光泽，手感滑爽柔软，由螺旋状或波浪状毛辫组成，毛辫长可垂至地面，头部和四肢着生短刺毛，体格较小。公、母羊均有角，角白色扁平，长度短或中等,向后上方延伸并略有扭曲。耳中等长度,呈下垂或半下垂状态,颜面平直或略凹陷,面部和耳朵有深色斑点。鬐甲隆起,胸狭窄,肋骨扁平,骨骼细,颈部细短,四肢较短而端正,蹄质结实。

(三)生产性能

安哥拉山羊被毛主要由两型毛纤维组成,部分羊被毛中含有3%左右的有髓毛,所以羊毛基本同质。与绵羊毛相比,其羊毛鳞片大而紧贴毛干,毛纤维表面光滑,光泽强,易染色,强度大,在国际市场上称为马海(即阿拉伯语"非常漂亮"的意思)毛,是一种高档的纺织原料,主要用于纺织呢、绒、精纺织品及窗帘、沙发巾等室内装饰品和高档提花毛毯、地毯等,还可用于制作假发。与其他天然纤维、人造纤维混纺,织品具有不起皱褶、式样经久不变、光亮、经穿耐脏等特点。

安哥拉山羊公羊体高60～65厘米,母羊51～55厘米,其产毛量与活重随产地而异(表7-1)。毛股自然长度18～25厘米,最长可达35厘米;毛纤维直径35～52微米,羊毛细度随年龄增大而变粗。羊毛含脂率6%～9%,净毛率65%～85%。大多数国家一年剪两次毛。

表 7-1　安哥拉山羊活重与产毛量　(单位:千克)

产　地	活　重		产毛量	
	公	母	公	母
土耳其	50～60	36～42	3.5～5.0	1.7～2.0
美　国	57～80	36～41	4.0～6.0	2.5～3.5
南　非	—		3.0～4.0	
阿根廷	38.0	25.0	—	1.18

安哥拉山羊生长发育慢,性成熟晚,产羔率为 100%～110%。遗传性稳定,但随杂交代数的增加,后代体格变小,体质变弱。故宜用育成杂交的方法,以二代羊为基础,培育新品种。

安哥拉山羊耐干燥,怕潮湿,适宜于大陆性气候条件下养育,多雨潮湿的地区往往造成生长发育受阻甚至死亡。我国北方多数省、自治区的自然条件适宜发展安哥拉毛用山羊。1984年以来,我国从澳大利亚引进该品种。目前主要饲养在陕西、山西、内蒙古和甘肃等省、自治区,纯种繁育和用以改良当地地方品种山羊,效果均较好。

五、羔皮和裘皮用山羊品种

(一) 青 山 羊

青山羊是一个优良的羔皮用山羊品种,产于我国山东省的济宁、菏泽两地区,郓城、巨野、曹县、嘉祥、金乡等县数量多、品质好。现已推广到华南、东北、西北等 10 多个省、自治区,大部分饲养效果良好。

1. **外貌特征** 被毛由黑白二色毛混生而成青色,其角、蹄、唇也为青色,前膝为黑色,故有"四青一黑"的特征。由于被毛中黑白二色毛的比例不同又可分为正青色(黑毛数量占30%～60%)、粉青色(黑毛数量在 30% 以下)、铁青色(黑毛数量在 60% 以上)三种。公、母羊均有角有须,角向上、向后上方生长并向两侧微微叉开,角长 10～15 厘米。公羊额部有卷毛覆盖,母羊额部多有粉青色白章。颈部较细长,背直,尻微斜,腹部较大,四肢短而结实。

2. **生产性能** 青山羊是我国山羊中体格较小的一种。公羊体高 55～60 厘米,母羊 50 厘米;公羊活重约 25 千克,母羊约 20 千克。羔羊出生后 3 天内宰杀剥取青猾子皮,是其代表性产品。青猾子皮的毛细短，长约 2.2 厘米，密紧适中，在皮板上构成美丽的花纹，花型有波浪、流水及片花。皮板面积 1 100～1 200 平方厘米，是制造翻毛外衣、皮帽、皮领的优质原料。

成年青山羊板皮面积约 3 550 平方厘米。母羊泌乳期 60 天左右，产奶 30～75 千克。公羊产毛 300 克左右，产绒 50～150 克；母羊产毛约 200 克，产绒 25～50 克。平均屠宰率为 42.5%。

该种山羊生长快，成熟早，4 个月龄即可配种，极少产单羔，一般第一胎产双羔，第二胎后多为多羔，最多的一胎可产 6～7 羔，3～4 岁时产羔率 270%，平均产羔率为 227.5%。母羊常年发情，在正常饲养条件下可年产两胎。

青山羊是我国山羊品种中繁殖性能比较突出的品种，其多胎特性既是生产羔皮的优良性状，又是肥羔肉生产的优良特性。因此，建议对于青山羊品种的开发利用，可根据市场对羔皮和羔羊肉的需求份额来调整其生产发展方向。其中羔皮是其传统产品，而若要发展肥羔肉生产，则应考虑引进肉用品种山羊，如波尔山羊、南江黄羊等进行经济杂交，以提高其个体产肉性能。

（二）中卫山羊（沙毛山羊）

中卫山羊的中心产区是宁夏的中卫县和甘肃的景泰、靖远县。与其毗邻的中宁、同心、海原、皋兰、会宁等地也有分布，但质量较差。1958 年以来，被引种到全国 10 多个省、自治区，用以改良当地山羊，效果较好。中卫山羊体质结实，终年放牧在荒漠草原或干旱草原上，具有耐寒、抗暑、抗病力强、耐粗饲等优良特性。

1. 外貌特征　毛色纯白，偶有纯黑个体。成年羊头部清秀,面部平直,额部丛生长毛一束。公、母羊皆有须。公羊角粗大,长 40 厘米左右,向后上方并向外延伸呈半螺旋状,母羊角长 20 厘米左右,呈镰刀状。体躯短深近于方形,全身各部位结构匀称,结合良好,四肢端正,蹄质结实。体格中等,公羊体高61 厘米,体长 68 厘米,活重 30~40 千克;母羊体高 57 厘米,体长 59 厘米,活重 25~35 千克。被毛分内外两层,外层为粗毛,光泽悦目,长 25 厘米左右,细度平均 50~56 微米,具有波浪状弯曲,类似安哥拉山羊毛;内层为绒毛,纤细柔软,丝样光泽,长 6~7 厘米,细度 12~14 微米。

2. 生产性能　中卫山羊的代表性产品,是羔羊出生后 1 月龄左右、毛长达到 7.5 厘米左右时宰杀剥取的毛皮,称沙毛裘皮,是世界上惟一的裘皮山羊品种。其裘皮的被毛呈毛股结构,毛股上有 3~4 个波浪形弯曲,最多可有 6~7 个,毛股显得紧实,花色艳丽,与著名滩羊裘皮极为相似。裘皮皮板面积1 360~3 392 平方厘米。屠宰适时的裘皮,具有美观、轻便、结实、保暖和不擀毡等特点。因用手捻摸毛股时有沙沙粗糙的感觉,故有沙毛裘皮之称。

成年羊产肉 12 千克左右,屠宰率 40.3%~48.8%,裘皮期羔羊产肉 2.5~4.0 千克。公羊产毛量 250~500 克,产绒100~150 克;母羊产毛量 200~400 克,产绒 120 克左右。母羊泌乳期 5~7 个月,日产奶 250~500 克。成熟较早,母羊 7 月龄左右即可配种繁殖,多为单羔,双羔率约 5%,一般一年产一胎,也偶有一年产两胎的。

六、其他用途山羊品种

(一)成都麻羊(四川铜羊)

1. 原产地及分布　产于四川成都平原及其附近丘陵地

区。产区为农业区,气候温和,雨量充沛,年均气温18.5℃,四季常青,适宜养羊,加之劳动人民的长期选育,育成了这一乳肉皮兼用的地方良种。目前以双流县为最多,大邑、邛崃两县质量最好。引种到河南、湖南等省饲养,适应性良好,生产性能表现也好。

2. **外貌特征** 体格较小,体形近似方形,被毛深褐色,腹下浅褐色,颜面两侧各有一条浅灰色条纹,从头顶枕骨嵴到尾根有一条黑色背线,并在鬐甲处有黑色毛带沿肩胛两侧向下延伸,与黑色背线相交成"十"字形。当地群众称褐色为麻色,故有麻羊之称。活重,公羊约42千克,母羊约36千克;体高,公羊平均66.5厘米,母羊60厘米;体长,公羊平均67厘米,母羊59厘米。

3. **生产性能** 该品种山羊以其板皮质地细密、拉力强而闻名,为我国山羊板皮中之佼佼者,在国际市场上颇受欢迎。是制作粒面光滑、绒面细致的绒面革或软性革以及高级轻革的优质原料。生长发育较快,周岁龄体重可达成年羊体重的70%～75%;产肉性能较好,周岁羯羊胴体重约14千克,屠宰率51%;产奶性能较低,泌乳期为5～8个月,一个泌乳期的产奶量为70千克左右,乳脂率6.8%;成熟较早,繁殖力强,4～8月龄开始发情,1岁龄初配,为全年发情,一年可产两胎,每胎产羔2～3只,产羔率209%。

成都麻羊由于体格较小,使乳肉皮各方面的生产性能都未能得到充分发展。为增大其体格,提高泌乳能力,在着手本品种选育的同时,可利用吐根堡羊进行导入杂交。四川省畜牧兽医研究所的研究表明,吐根堡奶山羊与该品种山羊杂交后,杂种后代在基本保持原品种板皮质量的前提下,体格和奶量都有所提高。

近年来产区为了提高成都麻羊的产肉性能,引进波尔山羊进行杂交试验。结果表明,在以放牧为主的同等饲养管理条件下,在各阶段同龄羊体重、胴体重等指标比较中,一代杂种羊均明显高于成都麻羊,其中体重差异极显著(P<0.01)。因此,可以认为,波尔山羊与成都麻羊的经济杂交是肉用山羊生产的理想杂交组合。

　　(二)长江三角洲白山羊(海门山羊)

　　该品种山羊主要分布在我国东海之滨的长江三角洲地区,包括江苏省的南通、镇江、扬州等地,浙江省的嘉兴、杭州等地和上海市郊区各县。20世纪末该品种山羊数达400万只,其中江苏占82%,浙江占12%,上海占6%。

　　该品种山羊的基本特征是,体格较小,公、母羊均有角,被毛洁白、光亮。具有早熟、繁殖性能好等特点。部分羊只因其被毛挺直、有峰、光泽好、有弹性,是制作毛笔的好原料而蜚声海内外。成年公羊平均活重30千克左右,母羊20千克左右,周岁羊15~16千克。母羊常年发情,大多两年产三胎,产羔率180%~228.5%。羔羊初生重,公羔平均1.46千克,母羔平均1.43千克;2.5月龄断奶重,公羔平均6.14千克,母羔平均6.04千克;从初生到断奶平均日增重公羔62.4克,母羔60.3克。该品种羊肉肥嫩,风味鲜美,但产肉量不高,当地居民喜食羊肉,并且有喜食带皮羊肉的习俗,所以该品种山羊一般屠宰不剥皮,只剔毛。其带皮屠宰率1岁羊为48.65%,2岁羊为51.7%。

　　长江三角洲是我国经济发达地区,人口密集,居民生活水平较高,当地生产的羊肉已远远不能满足市场需要,所以每年都要从外地购入大量羊肉。但是该地区地势平坦,土壤肥沃,自然气候条件优越,农业集约化程度高,农作物秸秆及天然牧草资源丰富,具有发展养羊的优势。加之长期以来,当地就有养羊传统,并且已形成了长江三角洲白山羊这一地方品种。所以,如何适应当地羊肉市场发展需要,充分发挥和利用当地羊种和饲料资源优势,发展肉羊产业,就显得十分迫切。为此,近年来产区已做出规划,将原有的笔料毛山羊主产区划出10个乡(镇)作为保种区外,其余地区均为肉羊发展区,现已开始引入波尔山羊作为父本,与当地山羊杂交。从已获得的结果看,非常满意。杂种一代初生重、断奶重、周岁龄体重均比当地山羊有明显提高。周岁羯羊胴体重14.37千克,屠宰率54.35%,也显示出了明显的经济杂交优势。所以,从一只杂种一代所获取的经济效益明显高于当地羊。产区广大养羊科技工作者和农民群众,还计划在这一杂交繁育基础上,逐步育成长江三角洲肉用山羊新品种。

（三）槐 山 羊

槐山羊主要分布于河南省周口地区、安徽省阜阳地区及它们的周边地带,目前存栏量约500万只,是我国山羊品种中数量较大的品种之一。该品种以其板皮质优而著称,被称之为"槐皮",在世界皮毛市场享有较高声誉,是我国传统出口的板皮种类之一。槐山羊是在当地生态条件下,经产区群众长期选育而形成的皮肉兼用型地方优良品种。

1. 外貌特征　毛色纯白,被毛短而无绒或少绒。多数羊有角,部分羊有髯或肉垂。头大小适中,额宽微凸,鼻梁平直,鼻镜粉红,眼大有神,胸深宽,鬐甲宽长,肋骨开张良好,背腰平直,尻宽长而略倾斜,后躯肌肉丰满,体形侧视略呈长方形。四肢端正,蹄壳灰黄而坚实。有角羊腿短、颈短、背腰短,无角羊腿长、颈长、背腰长。体格中等,体质结实,结构匀称、紧凑,皮肤弹性好。

2. 生产性能　成年公羊体重平均 34 千克,母羊 26 千克。其主要产品——槐皮是以周岁羊所产为主,并以秋末、冬季、初春季节,羊只膘情好时宰杀剥取的板皮质量最好。皮板面积 1 320～3 500 平方厘米,鲜皮重 1.25～2.5 千克。生皮皮板厚度 1.48 毫米,厚薄均匀。板皮成革后粒面光滑,手感柔软,坚固耐磨,是制作高档鞋面革、服装革的优质原料。产肉性能较好,周岁羯羊平均体重 22 千克,屠宰率 47.6%。性成熟早,繁殖力强,母羊 6～7 月龄即可初配,母羊长年发情,一年可产两胎或两年三胎,产羔率 258%,其中一胎产三羔的约占 30%,产四羔的约占 10%,以第三至第六胎的产羔率最高。

槐山羊产区覆盖面广,群体数量大,具有适应性强、早熟、产羔率高、板皮质优、肉用性能亦好等特点,但品种内个体间、地域间差异较大。为此,槐山羊产区已将沈丘、项城、淮阳、郸城等中心产区划为保种区,开展本品种选育,即在保持品种原有优良特性的基础上,进一步地提高板皮质量和产肉性能,并逐步达到品种内个体间品质的一致性。其他产区为杂交改良区。为了更快更大地提高其产肉性能,已引入波尔山羊进行杂交改良,并在此基础上谋求培育出当地肉用山羊新品种。以笔者之见,对槐山羊品种的这一规划和做法,既符合品种现状,又科学而合理,应当坚持去做。

(四)陕南白山羊

陕南白山羊原产于陕西秦岭以南的安康、商洛、汉中地区,以汉水流域为其主产区。

1. 外貌特征　公、母羊多无角,被毛 90% 以上为白色,其余为黑色、褐色。鼻梁平直,颈短而厚,胸宽深,肋骨开张良好,背腰平直,四肢粗壮,尾上翘。按被毛着生状况可分为长毛型和短毛型两种类型。

2. 生产性能　成年公羊体重平均 33 千克,母羊 27 千克;6 月龄羯羊活重平均 22.17 千克,胴体重 10.1 千克,屠宰率 45.56%。繁殖力强,母羊常年发情,一年可产两胎或两年三胎,产羔率 259%。

陕南白山羊早熟,早期生长发育较快。肉用性能较好,肉质细嫩,膻味轻,板皮面积大,品质好。拟向以肉为主、肉皮兼用方向发展。建议引进波尔山羊进行杂交改良,以提高其产肉性能。

(五)黄淮山羊

黄淮山羊分布黄淮平原,包括河南省商丘、开封、周口等地区及毗邻的山东、江苏、安徽等周边地区,现存栏量约 500 万只。

1. 外貌特征　被毛白色,毛短而光亮,绒毛很少,鼻梁平直,面部微凹,胸较深,肋骨开张良好,背腰平直,体呈桶状,结构匀称。骨骼较细。角分有角与无角两种类型。有角的公羊角粗大,母羊角细小,向后上方伸展呈镰刀状。母羊乳房发育好,呈半圆球状。

2. 生产性能　成年公羊体重 34 千克,母羊 26 千克;9 月龄公羊体重 22 千克,母羊 16 千克。产区群众有一良好的传统是习惯于当年生羔羊当年宰杀作为肉食。羔羊肉质地细嫩,膻味轻,是当地人民喜食的肉食品。7～10 月龄羯羔活重平均21.9 千克,胴体重 10.9 千克,屠宰率 49.77%。母羔一般 4～5 月龄就可配种,常年发情,通常一年两胎或两年三胎,产羔率平均为 239%。板皮呈蜡黄色,皮板细致柔软,油润光亮,弹性好,是制革的优质原料。

黄淮山羊具有性成熟早,生长发育快,板皮品质优良,母羊常年发情,繁殖性能好等特性。该品种的开发利用应坚持以肉用为主、肉皮兼用方向发展。产区内已有不少地区引进波尔山羊与当地黄淮山羊进行杂交改良,效果十分明显,杂种后代生长发育更快,体尺体重均有明显提高,群众养羊经济效益显著增加。应当制定一个比较长期的杂交改良及育种规划,按规划要求,有序地开展改良和育种工作,并结合科学合理的饲养管理措施,以期培育出当地肉皮兼用山羊新品种。

七、地方原始品种山羊

我国的山羊中,还有相当数量是没有专门方向的综合利用的品种,虽然能提供毛、肉、绒、皮、奶等产品,但生产性能一般都较低,事实上这部分山羊都是未经高度培育的地方原始品种。因此,为从根本上改变我国山羊业的状况,应在全面调查山羊资源的基础上,进行统一规划,根据各产地自然条件和产区羊种的生物学特性,确定不同的发展方向,然后采取相应的选育或杂交改良措施,这是十分必要的。2002年底我国山羊年存栏数量已达1.728亿只,是一个十分重要的畜牧资源。充分发挥山羊业的潜力,使其为四化建设提供更多更好的产品,是我国山羊业发展的中心任务。

第二节　山羊的饲养方式和管理技术

一、山羊的行为和习性

山羊和绵羊有许多共同的生物学特性和生活习性。因此,在我国许多地方都实行混群放牧或同栏饲养。但是山羊也有其独特的行为和习性,掌握和运用这些特点,对发展山羊业生产十分必要。

（一）性格活泼好动

山羊行动敏捷，喜欢登高，善于游走，有"精山羊，疲绵羊"之说。在其他家畜难以到达的悬崖陡坡上，山羊可以行动自如地采食，当高处有其喜食的牧草或树叶时，山羊能将前肢攀在岩石或树干上，甚至前肢腾空、后肢直立采食。

（二）合群性强

大群放牧时，羊群中只要有训练好的头羊带领，牧工放牧就极为便利，头羊可以按照牧工发出的口令，带领羊群向指定的路线移动；个别羊离群后，只要牧工给予适当口令，就会很快跟群。

（三）爱清洁、爱干燥

山羊嗅觉灵敏，在采食草料前，总要先用鼻子嗅一嗅再吃。往往宁可忍饥挨渴也不愿吃被污染、践踏或发霉变质有异味、怪味的食物和饮水。因此，饲喂山羊的饲料和饮水必须清洁新鲜。

山羊喜欢干燥的生活环境，舍饲的山羊常常在较高的干燥地方站立或休息。长期潮湿低洼的环境会使山羊感染肺炎、蹄炎及寄生虫病，所以山羊舍应建在地势高燥、背风向阳、排水良好的地方。南方地区可建成竹楼式羊舍，以防潮湿。

（四）山羊嘴尖、唇薄、牙齿锐利

山羊的采食力强，利用饲料的种类也较其他家畜广泛，尤其对粗饲料的消化利用率较其他家畜高。山羊特别喜欢采食树叶、树枝，可用以代替粗饲料需要量的一半。有人曾试验，山羊喜食洋槐树枝叶的程度，几乎胜过苜蓿草，所以林区及灌木丛生的山区丘陵，都适于放牧山羊。山羊这种能以树枝树叶、粗饲料维持正常生长发育并提供畜产品的优良特性，对充分利用自然资源有着特殊的价值。美国、澳大利亚及非洲一些国家利用山羊的这一习性来控制草场上的灌木蔓延。

（五）山羊抵抗疾病的能力较强

在发病初期或患小病时往往不易觉察。因此，牧工应当随时留心观察，发现失常现象，及时防治。

（六）山羊消化和利用饲料的能力较其他家畜强

山羊肠道的相对长度高于其他家畜。因此，其相对采食量和对饲料中干物质特别是粗纤维的消化利用率明显地高于其他家畜。所以在通常情况下，山羊较绵羊和其他家畜能够安全渡过冬春枯草季节，具有较强的抗春乏能力。

（七）山羊适应生存的范围也较其他家畜广

从热带、亚热带到温带、寒带地区均有山羊分布，许多不适于饲养绵羊的地方，山羊仍能很好地生长，说明山羊调节体温、适应环境的能力是很强的。

二、山羊的饲养方式

（一）放牧饲养与补饲

放牧是毛用山羊、绒毛山羊、普通地方品种山羊以及大部分毛皮山羊的基本饲养方式。在我国北方草原牧区，山羊终年放牧，仅在大雪封地或母羊产羔前后补饲草料。放牧山羊应单独组群，不要与绵羊混群放牧，羊群大小根据草场大小而定，可由数十只到数百只。牧地狭小时，组群应小，还可以采用牵牧或拴牧的方法；在农区、半农区可充分利用茬子地、隙地、渠道旁实行季节性放牧。有关放牧与补饲的其他问题可参照第五章第四、第五节相关内容。

（二）舍　　饲

我国农区饲养山羊多以舍饲为主，每户养数只或十来只，除季节性放牧外，主要是在专门的栅圈里饲喂。圈内设有饲槽和水盆,每日喂草料 3～4 次,饮水 1～2 次。舍饲是奶用山羊的基本饲养方式(奶山羊的饲养后面将要详述)。舍饲羊在牧草生长季节,每日每只山羊喂 3～5 千克青草和鲜树叶,除奶山羊外一般即可满足其需要;冬春枯草季节,每日每只羊可喂青干草 1～1.5 千克。种公羊及怀孕、哺乳母羊需补饲部分精料和多汁饲料。精料补饲量为 250～500 克,多汁饲料 1 000克左右。

三、山羊的管理

(一) 挤　奶

挤奶是奶山羊生产中的一项重要作业。挤奶技术、操作规程以及挤奶次数,对奶山羊产奶量和羊奶质量都有明显影响。良好的挤奶技术和挤奶方法,还能降低乳房炎的发病率,延长奶山羊的利用年限,提高饲养奶山羊的经济效益。由于挤奶所占用的劳动力为奶山羊饲养管理用工量的一半以上,所以凡奶山羊生产经营者无不重视挤奶问题。

挤奶方法有手工挤奶和机器挤奶两种。奶山羊数量多的大型奶山羊场,都需要实行机器挤奶,因为它不仅可以减轻挤奶员的体力劳动量,而且还可以提高生产效率和乳品质量,是实现奶山羊生产向规模化经营发展的一个重要方面。机器挤奶要求条件高,要有专门的挤奶车间(内设挤奶台、真空系统和挤奶器等)、贮奶间(内设消毒、冷却设备、贮存罐等)及其他清洁、无菌的用具。手工挤奶仍是我国目前奶山羊业生产采用的基本方法,现作如下重点介绍。

1. 挤奶室及其设备　奶羊较多的场队,应有专门的挤奶室,设在羊舍一端,室内要清洁卫生,光线明亮,无尘土飞扬。设有专门的挤奶台(图 7-1),台面距地面 40 厘米,台宽 50 厘米,台长 110 厘米,前面颈栅总高为 1.3 米,颈栅前方设有饲槽,台面右侧前方有方凳,为挤奶员操作时的座位。另外,需配备挤奶桶、热水桶、盛奶桶、台秤、毛巾、桌凳和记录表格等。

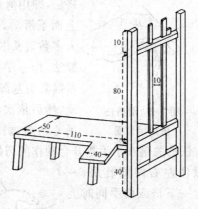

图 7-1 挤奶台的结构
(单位:厘米)

2. **挤奶操作规程和方法** 为了便于操作和有利于奶品卫生,奶羊在产羔后应将其乳房周围的毛剪去,挤奶人员的手指甲应经常修秃,工作服要常洗换。挤奶员对待奶羊要耐心、和善,挤奶室要保持安静,切忌吵闹、惊扰。每次挤奶应按如下程序进行。

(1)挤奶必须定时、定人 每次挤奶时奶羊要按一定的先后顺序进行,不要随意变换挤奶员。

(2)引导奶羊上挤奶台 初调教时,台上的小槽内要添上精料,经数次训练调教后,每到挤奶时间只要呼喊羊号或其"名字",奶羊会自动跑出来并跳上挤奶台。

(3)擦洗和按摩乳房 羊上台后,先用热湿毛巾(40℃~50℃)擦洗乳房和乳头,再用干毛巾擦干,然后按摩乳房,即两手托住乳房,先左右对揉,后由上而下按摩。动作要轻快柔和,每次揉 3~4 回即可。按摩可刺激乳房,促进泌乳。

(4)按摩后开始挤奶 在擦洗按摩乳房之后应立即挤奶,不要拖延。最初挤出的几滴奶不要盛入奶桶。挤奶方法有滑挤法和拳握法(或称压挤法)两种。乳头短小的个体采用滑

图 7-2 滑挤法
挤奶示意图

挤法,即用拇指和食指捏住乳头基部从上而下滑动,挤出乳汁(见图 7-2)。对大多数乳头长度适中的个体必须用拳握法,即一手把持乳头,用拇指和食指紧握乳头基部,防止乳头管里的乳汁倒流,然后依次将中指、无名指和小指向手心压缩,奶即被挤出(图 7-3)。这一方法的关键在于手指开合动作的巧妙配合。挤奶时两手同时握住左右两侧乳房,一上一下挤或两手同时上下挤,后者多用于挤奶临结束时。挤奶动作要确实轻巧,两手握力均匀,速度一致,方向对称,以免乳房畸形。当大部分乳汁挤出后,再两手同时上下左右按摩乳房数次,然后再挤,这样反复数次,直到乳房中的乳汁挤尽为止。如若挤不尽,就会影响奶羊产奶量和奶的品质,甚至造成乳房疾病。最后

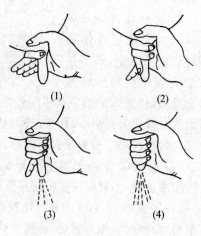

图 7-3 拳握法挤奶顺序示意图
(1)用拇指和食指紧握乳头基部
(2)然后依次将中指、无名指和小指握起
(3)全部手指向掌心压缩奶即被挤出

挤出的奶,乳脂含量较高。奶挤完后要将乳头上残留的乳汁擦净,以免乳头被污染和蚊蝇骚扰。整个挤奶过程应在 5 分钟内完成。

3. 挤奶次数 乳用母羊产羔后,羔羊应隔离进行人工哺

乳。奶羊每天挤奶次数,随产奶量而定,一般每日2次;产奶量5千克左右的羊,每日3次;产奶量6～10千克的羊,每日4～5次。各次挤奶的间隔以保持相等为宜。

4.乳房保护 奶羊产奶期间要经常注意观察乳房有无损伤或其他异常征象。若发现乳房皮肤干硬或有小裂纹时,应于挤奶后涂一层凡士林,如有破损应涂以红汞或碘酊,如有红肿或发热症状,则应及早治疗。

5.乳品处理 鲜奶是人类最容易消化吸收的营养品,也是细菌良好的培养基。羊奶在生产、贮存、运输过程中都会受到外界细菌的污染,如何最大限度地降低乃至杜绝这种污染,是鲜奶生产者的主要责任。一般通过过滤、净化、灭菌、冷藏等方法,保证奶的纯净、新鲜和无菌。

(1)过滤 每挤完一只羊,应将奶称重记录,然后用三层以上的纱布过滤到存奶桶中。过滤是为了除去鲜奶中的杂质和部分微生物。因为挤奶时难免被羊体上的皮垢、羊毛、灰尘、饲料、粪屑、昆虫等污染。过滤也可用特制的过滤器,过滤器为一夹层的金属细网,中间夹放消毒过的细纱布,乳汁通过过滤器,即可将其中的皮垢、杂毛、尘埃等污染物除去。

(2)净化 净化是将过滤后的鲜奶通过高速离心机的离心力作用,把残留于奶中的细微杂质及微生物留在分离钵内壁上,使奶进一步净化。净化机速度快,质量高,适宜乳品加工厂使用。

(3)灭菌 为了消灭奶中的病原菌,延长奶的保存时间,过滤、净化后的奶还需灭菌处理。奶的灭菌方法很多,如放射灭菌、紫外线灭菌、药物灭菌、加热灭菌等,其中加热灭菌是一般常用的方法。此法根据采用温度不同,又有以下几种类型。

① 低温长时间杀菌法:此法亦称巴斯德消毒法。即将奶

加热到 62℃～65℃,保持 30 分钟,然后立即冷却到 10℃以下。此法能杀死乳中的腐败菌、致病菌(芽胞除外),并基本保持奶的营养成分和风味不变,但需时较长,只在奶羊场应用,奶品加工厂多不用此法。

② 短时间杀菌法:将奶加热到 72℃～75℃,保持 15～30 秒钟。此法可使奶中部分酶受到破坏,奶酸度降低,但因其保持时间短,在特制的杀菌器中进行,可连续生产,适宜大批量乳品消毒。

③ 高温瞬间杀菌法:将奶加热到 80℃～85℃,保持 10～12秒钟。此法速度快,灭菌效果好,但奶中所有的酶基本被破坏,维生素 C 部分破坏。

④ 超高温杀菌法:将奶加热到 130℃～140℃,保持 1～4 秒钟,随之迅速冷却。可用蒸气喷射直接加热或用热交换器间接加热。此法处理的奶完全无菌,经无菌包装,在常温下可保存数月,适于远距离运输和缺乏冷藏条件的地区应用。

(4) 冷却　　凡需要短时间贮藏的奶,都必须进行冷却,以抑制奶中微生物繁殖,保持奶的新鲜度。冷却的温度越低,保存的时间越长。要求奶挤出后两小时内将奶温降至 5℃以下。冷却方法较多,最简单的方法是直接用地下水冷却,如用流动的井水冷却。大型乳品厂多用片式冷却器冷却。冷却后的奶还需低温保存,即将奶放入冷库冷藏,温度一般为4℃～5℃。

(二) 刷　拭

奶羊每天都应刷拭,以保持被毛光顺,皮肤清洁,促进皮肤血液循环,增进皮肤健康和新陈代谢。刷拭最好用硬的鬃刷或草刷,不可用铁篦去刮。刷拭要彻底、周到,从前到后、从上到下,一刷挨一刷依次地刷,每刷要先逆毛后顺毛,每天刷1～2次。通过刷拭还可训练羊温顺而愿意和人接近。刷拭应在饲喂、挤奶后进行，以免污染饲料和奶品。对于粪尿污染或产后淤血污染的后躯，应用温水洗涤，再用毛巾擦干。在温暖地区，夏季可选择晴朗天气，将奶羊赶到河边或水池内洗澡。

（三）去　角

奶羊有角对于挤奶、饲喂、管理都不方便，而且在相互角斗时容易造成损伤或导致母羊流产，所以舍饲的山羊应在出生后5～10日龄去角。方法是：一人保定羊羔，不让跳动；另一人施行手术，先按住头部，用手触摸长角部位，当感觉到有一硬的突起便是角基部，然后将该处的毛剪掉，周围涂一圈凡士林，防止去角药物损伤更多皮肤或流入眼中。取苛性钠（或苛性钾）棒一支，一端用蜡纸或脱脂棉包好，以防腐蚀人手，另一端露出一小部分并蘸上水，然后在剪过毛的角基部突起部位稍加压力进行摩擦，先由外向内，再由内向外旋转涂擦，用力要均匀，反复数次，直到角基出现血迹为止，擦完后在角基处撒上止血消炎粉。刚去角的羔羊应单独管理2～4小时，待伤面干燥后放回原群，一般10天左右痂皮脱落即愈。如果涂药不均匀、不彻底或位置不正，则会出现片状角等畸形角。

（四）修　蹄

舍饲山羊，蹄子磨损小，若不定时修剪，会长得太长而变形，影响行动，甚至造成四肢发病。因此，一般每季修蹄一次。修蹄应在雨后进行。或修蹄前让羊在潮湿地面上活动4小时左右，当蹄角质变软时进行，修理时先用果树剪将生长过长的蹄尖剪掉，然后用修蹄弯刀将蹄底的边缘修整到和蹄底一样平齐，再修到蹄底可见淡红色血管为止，千万不可修剪过度，以防出血。整形后的羊蹄，蹄底平正，形状方圆。变形蹄须经多次剪修，逐步矫正蹄形，绝不可一次修剪过度，造成损伤。

（五）抓绒和剪毛

每到春暖时绒山羊的绒毛就开始脱落，并从颈、肩、胸、背、腰、股依次脱绒。这是山羊为适应变化了的环境条件而形成的生物学特性。适时抓绒，对产绒量关系极大，当发现头部、耳根的绒毛开始脱落，或者拨开被毛发现绒毛开始离开皮肤或从皮肤上能轻轻取下时，即为适宜的抓绒时间。若抓绒时间晚1个月，则抓绒量下降15%～20%，同时，绒毛中混入的毛发量增多，使绒毛质量降低；过早抓绒，不仅绒毛不易梳落，且羊痛苦，绒毛被梳断，工作效率也不高。具体抓绒日期，应根据上述原则及当地气候条件而定。组织抓绒时，应先母羊，后公羊，再羯羊和幼龄羊。抓绒一般进行两次，即第一次抓过后，间隔半月左右进行第二次抓绒，两次抓的绒应分别包装，因第二次抓的绒往往混杂被毛较多，质量较差。

抓绒目前还是手工操作，所用抓绒梳子有两种（图7-4）：一种是密梳，由12～18根钢丝组成，钢丝间距0.5～1厘米；一种是稀梳，由5～8根钢丝组成，钢丝间距2～2.5厘米。钢丝直径均为0.3厘米，梳齿顶端圆秃、微尖并弯向一面。

抓绒前12个小时不让羊吃草饮水，保持羊体干燥。开始抓绒时让羊侧卧，用绳子将两前肢和一后肢捆在一起保定。然后，先用稀梳顺毛由前到后、由上而下地将粘在毛上的草芥、粪块轻轻梳掉，再用密梳逆毛而梳，其顺序是由股、腰、背、胸到颈肩部。操作时，梳子要贴近皮肤，用力要均匀，不可太猛，以免抓伤皮肤。梳齿沾着油腻，就抓不下绒来，可将梳子在土地上往返摩擦去油，然后再用。

抓绒后经过1周时间，即可剪毛。我国有些地区的抓绒方法，是先将绒层上面的发毛剪去后再开始抓绒。此法抓绒速度快，但在剪被毛时难免剪掉部分绒毛，影响产绒量，同时被毛

图 7-4 抓绒梳子

1,2. 密梳 3. 稀梳

被剪短后也影响其利用价值,故此法在羊的数量不多时,尽可能不用。

（六）运　动

适当运动是保证羊体健康的重要因素之一,对舍饲山羊更为必要。运动能增强体质,提高代谢功能,增加产奶量,同时对于提高抗病力和增强适应性都能起到良好的作用。母羊怀孕期坚持运动,可预防水肿和难产;高产奶羊坚持运动,可增强心脏机能,若长期缺少运动,常常影响采食和对饲料的消化能力,最终影响到羊的健康和生产性能。种公羊若运动量不足,则性欲减弱,精液品质下降,影响配种效果;哺乳羔羊适当运动,可促进消化,预防腹泻,还可增强体质和适应力,有利于生长发育;育成期的羊加强运动,有利于骨骼发育。良好的营养条件,加上充足的运动,培养成的青年羊,具有胸部发育好、体型大、身躯长、外形理想等特点,成年后生产性能也高。

将羊赶到草场或其他放牧地放牧是最理想的运动方式,每天坚持 4 小时左右即可。无放牧条件时,则每天应驱赶运动1～2 小时,保证一定距离的运动量。运动量过小达不到运动的目的,太大运动量也会因过于疲劳而影响健康和生产性能。

（七）个体编号与记载

为便于识别和进行个体性能的记载工作,应在羔羊出生后进行个体编号。常用的方法是用刻耳钳在羔羊耳朵边缘上打缺口,每一缺口及其所在位置,代表一定数字(图7-5)。例如,2号

图7-5　山羊刻耳编号示意图

A. 左耳　B. 右耳

羊应在右耳下缘剪两个缺口,12号羊则需在左下缘剪一个缺口和右耳下缘剪两个缺口,13号羊则应在左耳下缘和右耳上缘各剪一缺口。也可用耳标法进行个体编号(方法见第五章第六节)。个体编号在较大的羊场及种羊场是必须进行的工作,有了个体号才能进行各种记载,如生产性能登记,配种,产羔登记,育种登记以及疾病防治登记等。

第三节　奶用山羊的饲养

奶山羊的饲养管理与其他用途山羊、绵羊都有本质的不同。就其生理特点讲,它具有很好的将饲料中的营养物质转化为奶产品的能力。奶山羊每昼夜采食的干物质量可高达其体重的6%～10%。这一指标比奶牛高2～3倍,一个泌乳期的产奶量,相当于它自身体重的8～15倍,创纪录者高达37倍。所以,为了有效地发挥奶山羊的泌乳性能,必须组织科学的饲养,不宜用养其他山羊和绵羊的办法来饲养奶山羊,而应根据奶山羊的年龄、活重、生产能力,保质保量地供给它所需营养

的饲料,否则,就不可能养好奶山羊。

一、对饲料的要求

理想的饲料是促进奶山羊高产的物质基础,所以要尽量选择适于饲养奶山羊的饲料。

（一）粗 饲 料

奶山羊是以草食为主的家畜。在其日粮定额中,由粗饲料提供的营养物质应占到日粮中总营养物重量的 $60\%\sim70\%$,所以粗饲料对奶山羊是十分重要的。粗饲料中以豆科、禾本科的青草、青干草为最优,如苜蓿、三叶草、红豆草、燕麦、无芒雀麦等;其次,如树叶嫩枝、豆科作物的秸秆、玉米秆、花生藤、甘薯蔓等。选择优质干草饲喂奶山羊,是提高奶山羊产奶量的一个重要手段。许多奶山羊饲养场,就是由于粗饲料质量不高、数量不足而不能提高奶山羊的产奶量,而且往往因为喂草量不足、精料过多造成消化不良或消化器官疾病。

（二）精 饲 料

精饲料以燕麦、大麦、豌豆、玉米、饼粕以及麸皮为最好。在日粮配合中,则应以燕麦、大麦、玉米占较大比例为宜。下面介绍几种精料配方,可参考使用。

配方1,大麦30%,玉米30%,麸皮30%,豆饼10%;

配方2,玉米50%,豌豆25%,麸皮25%;

配方3,玉米50%,豆饼20%,麸皮30%;

配方4,玉米80%,豌豆(或豆饼)20%;

配方5,玉米40%,麸皮20%,豆饼20%,燕麦20%。

每100千克混合精料中,加食盐3千克,骨粉2千克。

（三）多汁饲料

多汁饲料是冬春枯草季节奶山羊的理想饲料,对产奶量有十分明显的影响，是一种促进产奶的饲料。这类饲料包括块根、块茎、蔬菜、瓜类作物及青贮饲料，如胡萝卜、甜菜、薯类、甘蓝、玉米青贮料等。冬春季节饲喂多汁饲料，还能促进奶山羊对粗饲料的消化利用。所以，多汁饲料对于奶用畜有其特殊作用，是奶山羊冬春季节日粮中不可缺少的组成部分。

（四）动物性饲料

动物性饲料包括骨肉粉、血粉、鱼粉、脱脂奶、蚕蛹等。其特点是蛋白质含量高，钙、磷丰富且比例适当，维生素种类齐全，容易消化吸收，是奶山羊日粮的理想添加料和蛋白质补充料。日粮中加入一定量的动物性饲料，可提高日粮的消化利用率。

（五）矿物质饲料

日粮中须加入适量的骨粉、食盐、蛋壳粉、贝壳粉、磷酸钙以及各种微量元素添加剂等，以满足奶山羊对矿物质的需要。

二、饲养标准

饲养标准是根据奶山羊对营养物质的需要量拟定的，它是指导饲养奶山羊的依据。在生产实践中，还应随时观察奶山羊在应用某一饲养标准的日粮后所产生的反应如何，进行必要的修正。从理论上讲，饲养标准是由维持饲养和生产饲养两部分组成。

（一）维持饲养

维持饲养是指奶山羊在维持体重不变、身体健康、各种营养物质平衡为零、不生产任何产品的情况下所需要的营养。维持饲养的营养需要量随其体重和管理方式而不同，体重愈大，需要量愈多；舍饲饲养方式则小于放牧饲养的维持需要量。

1. 舍饲管理条件下奶山羊的维持饲养　据国内一些学者建议，我国舍饲奶山羊的维持饲养标准可参照表 7-2 或表

7-3所列的标准试行。

表7-2　舍饲条件下奶山羊维持饲养标准

活重(千克)	30	40	50	60	70	80
净能(千焦)	4498	5586	6617	7573	8494	9393
消化能(千焦)	8996	11171	13221	15146	16987	18786
可消化总养分(克)	490	605	715	820	920	1020
可消化粗蛋白质(克)	36	45	53	60	68	75

表7-3　舍饲条件下奶山羊的维持饲养标准

活重(千克)	35	40	45	50	55	60	65	70	75	80
饲料单位(千克)	0.65	0.70	0.75	0.80	0.85	0.90	0.95	1.00	1.05	1.10
可消化蛋白质(克)	45	50	55	60	60	65	65	70	75	80

2. 放牧条件下奶山羊的维持饲养　美国明尼苏达大学乌特金斯提出的标准,如表7-4所示。

表7-4　放牧条件下奶山羊的维持饲养需要量

体　重 (千克)	粗蛋白质 (千克)	总消化养分 (千克)	钙 (克)	磷 (克)
36	0.118	0.522	3	2
41	0.127	0.572	3	2
45	0.136	0.617	4	3
50	0.145	0.663	4	3
55	0.154	0.708	4	3
59	0.163	0.754	4	3
64	0.173	0.795	5	4
68	0.182	0.835	5	4
73	0.195	0.863	5	4
77	0.204	0.917	5	4
82	0.213	0.962	6	4

（二）生产饲养

指在维持饲养的基础上，给奶山羊以产奶所需要的饲养。需要量的大小，随山羊的产奶量和乳脂率的高低而定。一般每产 1 千克含脂率为 4.0%～4.5%的奶，需供给山羊 0.4 个饲料单位、50 克可消化蛋白质的饲料（表 7-5）。

表 7-5　奶山羊的生产饲养标准

产奶量（千克）	0.5	1.0	1.5	2.0	2.5	3.0	3.5	4.0	4.5	5.0	6.0	7.0	8.0
饲料单位（千克）	0.2	0.4	0.6	0.8	1.0	1.2	1.4	1.6	1.8	2.0	2.4	2.8	3.2
可消化蛋白质（克）	25	50	75	100	125	150	175	200	225	250	300	350	400

美国明尼苏达大学乌特金斯提出的奶山羊的生产饲养标准（表 7-6），是以每产 1 千克不同乳脂率的奶所需营养量计算的。产奶量相同时，因乳脂率不同所需营养量也有很大差别。

表 7-6　奶山羊每产 1 千克奶的营养需要量

乳脂率（%）	粗蛋白质（千克）	总消化养分（千克）	钙（克）	磷（克）
2.5	0.066	0.255	2.42	1.76
3.0	0.070	0.280	2.42	1.76
3.5	0.074	0.305	2.64	1.98
4.0	0.078	0.330	2.64	1.98
4.5	0.082	0.355	2.86	2.20
5.0	0.086	0.380	2.86	2.20
5.5	0.090	0.405	3.08	2.20
6.0	0.094	0.430	3.08	2.42

奶山羊对于营养物质的需要量，还同年龄、怀孕与否、泌

乳的不同阶段、干奶期等因素的不同而有显著差异。所以,在具体应用饲养标准时还要根据具体条件,进行必要的修正和补充。

三、奶山羊的日粮配合

饲养标准是进行日粮配合的依据。在配合奶山羊日粮时,还应考虑它的生理特点、饲料的多样性、适口性和当地的饲料来源,要尽量做到饲料的多样搭配,这样既可促进奶山羊的食欲,又可在营养成分上得到互补。乌特金斯根据美国奶山羊的一般生产水平,提出了三种日粮配方:第一种是,三叶草或豆科干草 1.36 千克,含粗蛋白质 14％的混合精料 1.82 千克;第二种是,禾本科、豆科混合干草 1.36 千克,含粗蛋白质 16％的混合精料 2.27 千克;第三种是,混合干草 0.45 千克,玉米青贮料 2.27 千克,含粗蛋白质 18％的混合精料 1.82 千克。这三种日粮所用混合精料的配方如表 7-7 所示。

表 7-7　产奶母羊混合精料配方　(％)

饲 料 种 类	粗 蛋 白 质 含 量		
	14％	16％	18％
碾 碎 玉 米	37	35	32
燕 麦 片	37	35	32
小 麦 麸	16	14	15
豆 粕	9	15	20
磷 酸 二 钙	0.5	0.5	0.5
微量元素(盐)	0.5	0.5	0.5

精料的饲喂量随奶山羊产奶量和乳脂率的高低而变动,

乌特金斯推荐的精料喂养量见表 7-8。

表 7-8 产奶母羊精料喂量 （单位：千克）

日产奶（千克）	乳　脂　率　（%）					
	3.0	3.5	4.0	4.5	5.0	5.5
1	0.227	0.454	0.454	0.454	0.454	0.454
2	0.454	0.681	0.681	0.681	0.681	0.681
3	0.681	0.681	0.908	0.908	0.908	0.908
4	0.908	0.908	0.908	1.135	1.135	1.135
5	1.135	1.135	1.135	1.362	1.362	1.362
6	1.135	1.362	1.362	1.589	1.589	1.589
7	1.362	1.589	1.589	1.816	1.816	1.816
8	1.589	1.816	1.816	2.043	2.043	2.270
9	1.816	1.816	2.043	2.270	2.270	2.497
10	1.816	2.043	2.270	2.270	2.497	2.724
11	2.043	2.270	2.497	2.497	2.724	2.951
12	2.270	2.497	2.724	2.724	2.951	3.178

前苏联尼古拉耶夫教授，对于活重 40 千克、日产奶量 2千克的奶山羊，提出下述两种日粮配方，可供个体户饲养奶山羊时参考。第一种是，中等质量的干草 2.5 千克，多汁饲料（饲用甜菜、南瓜类、甘蓝）1.5 千克，小麦麸 0.4 千克，亚麻籽饼0.1 千克；第二种是，三叶草干草 2 千克，燕麦秸 0.5 千克，青贮料 1.5 千克，亚麻籽饼 0.25 千克。

在配合日粮时，若蛋白质饲料不足，可以用尿素来提供部分蛋白质的需要量，但其量不能超过混合精料量的 1%，这样不会影响饲料的适口性。

四、饲喂奶山羊的规程

(一)掌握耐心细致、定时定量、清洁卫生的原则

饲喂奶山羊要耐心细致,饲槽和草架应当按需要设置,草料和饲具要保持清洁卫生。饲喂干草或其他青粗饲料时要做到少量多次。这样才能保证奶山羊吃饱,而又不浪费草料。凡被尘土泥沙或其他污物污染的草料,或是受潮、发霉变质的草料都不应当饲喂奶山羊。

(二)要严格按照工作日程的规定饲养管理奶山羊

奶山羊的习惯性很强,在生产实践中,可以根据生产的需要,培养和训练奶山羊形成良好的条件反射,这对提高奶山羊生产性能和提高管理水平等都是有利的。为此,饲养管理奶山羊要制订出科学合理的工作日程,管理人员则应按照日程的要求,在规定的时间里,保质保量地完成所规定的工作任务。下面介绍某奶山羊饲养场的工作日程表,供参考。

1. 冬季工作日程 当年 10 月至翌年 2 月份,每日挤奶两次。

5 时 50 分～6 时 50 分	第一次饲喂,挤奶,梳刷;
7 时 30 分～9 时	饮水,打扫羊舍卫生;
9 时～12 时	运动或放牧;
14 时～16 时 45 分	喂干草、青贮料,或放牧;
16 时 45 分～18 时	第二次饲喂,挤奶,打扫挤奶室卫生;
19 时 30 分～22 时	添喂干草;
22 时	检查羊群。

2. 夏季工作日程 当年 3～9 月份,每日挤奶两次。

4 时 50 分～6 时	第一次饲喂,挤奶,梳刷;

7 时～8 时	饮水,打扫羊舍卫生;
8 时～11 时	放牧,运动;
15 时～17 时	饮水,喂草或放牧;
17 时～18 时	第二次饲喂,挤奶;
19 时～22 时	添喂干草;
22 时 30 分	检查羊群。

(三)饲喂奶山羊的饲料都应进行必要的加工调制

一般对谷物精料须先磨碎,喂前加入一定量的水,拌匀泡软。青干草最好切成 4 厘米长,青草 8 厘米长,青贮料要解冻,块根块茎类要洗净切成小块。这样加工后,利于奶山羊采食,提高饲料利用率。

(四)饲喂次数和顺序应按一定要求进行

每天喂精料次数一般与挤奶次数相同,并于挤奶前喂给;块根块茎类饲料和青贮料每天分两次喂给;干草、青草每天可喂 3～4 次,苜蓿等豆科青草不要在晚间休息前饲喂,以免发生胃肠臌胀。每次饲喂草料的顺序,一般是先精料,再多汁饲料,最后喂干草;有时也可先喂干草,再精料,最后喂多汁饲料,此顺序可防止因采食多汁饲料过多而发生胃肠臌胀。由于多汁饲料喂量都是严格定量的,一般都不会出问题。每次饲喂时,必须将饲槽中剩余的饲料清除干净,再投放第二种饲料。

(五)保证奶山羊充足的饮水

春夏秋三季应在运动场内设置饮水槽或其他饮水设施,保证随时有清洁的饮水供应,或者每日定时饮水 2～3 次;冬季可在羊舍内供水,每日 1～2 次,并将水温加热到 18℃左右。

(六)饲喂奶山羊的饲料种类变更应逐渐过渡

饲料品种变更要使羊有一个适应过程。骤然变化,会引起消化紊乱或消化道疾病。羊适应新饲料的过渡阶段,至少要1周的时间。

(七)随时观察羊的采食和营养情况

饲养管理人员在观察情况的同时,要结合羊的产乳能力,适当调整精料的喂量。特别是对高产或体弱的羊要特殊照顾,发现病羊及时治疗。

总之,饲养奶山羊的基本原则是,必须按不同生理阶段的营养需要进行,不受季节和饲养方式的限制,供给营养物质完全、营养价值高的日粮,使其在全年的任何时候,都能获得全价平衡的营养。因此,饲养奶山羊的好坏,人为因素起主导作用,那种靠天养畜的原始方式是养不好奶山羊的。

五、产奶母羊的饲养要点

衡量母羊产奶性能的指标有两种,一是终生产奶量和乳脂率,一是胎次产奶量和乳脂率。常用者为胎次产奶量和乳脂率,有时还用到最高日产量这一指标。产奶母羊在其一生不同胎次的泌乳期里,产奶量是不同的,并且有一定的规律。一般以第三胎次泌乳期的产奶量为最高。若以第三胎次作为100,那么其他胎次的泌乳量约相当于第三胎次的量的比例为:第一胎次为80%,第二胎次95%,第四胎次95%,第五胎次90%,此后逐渐下降。个别培育特别好或初配较晚的母羊,第一胎次产量就高,第二胎次即可达到泌乳的高峰。一个泌乳期一般为10个月,约300天,即一年中有2个月的干奶期。有些低产羊泌乳期较短,不足10个月。在同一泌乳期的不同月份,产奶量也有显著差别,可以用泌乳曲线表示,也有其一定的规律性。在泌乳初期,因催乳激素作用强烈,加之奶羊经过怀孕后期2个月干奶期的恢复,体内营养物质的贮存丰满,代谢机能旺盛,日产奶量不断上升,通常到产后 60～70 天达到泌乳高峰,此后则逐渐下降,一直到妊娠后第二个月,由于妊娠黄体激素作用增强,使催乳激素的作用变弱,乳量显著下降。高产羊达到泌乳高峰的日期较晚,而且维持高峰期的日期也较长。乳脂率的变化,没有泌乳量那样明显,只是在泌乳初期和后期略见升高,中间长时期一般没有变化。

我们掌握产奶母羊的泌乳规律,目的在于组织科学的饲养,以保证充分发挥奶羊的产奶性能,也就是以最经济的饲料,生产最多量的奶。这里,我们重点从以下几方面介绍。

（一）泌乳初期

母羊产后头 15～20 天为泌乳初期,也称产后恢复期。这一时期是母羊由怀孕生理向泌乳生理调整过渡的时期,其生理状态比较复杂,一定要注意观察,细心护理,以便为整个泌乳期大量泌乳奠定基础。奶羊刚分娩后的表现一般有以下情况:胃肠空虚,常感饥饿,消化力弱;要严防母羊产后吞食胎衣,以免伤及胃肠,影响奶羊终生产奶性能;多胎羊因怀孕期负担重,腹下、四肢和乳房基部常有水肿现象,且难一时消失;乳房膨胀,挤乳困难,乳腺机能敏感,若喂利于泌乳的饲料,奶量仍见增加;日粮中的营养即便不能满足产奶需要,奶羊仍可动用体内贮存的营养物质,使产奶量继续上升。据此,实际饲喂的原则是,产后头5～6天以优质干草为主要饲料,任其尽量采食。6 天后,根据奶羊肥瘦、乳房膨胀程度、食欲表现、粪便形态等,灵活掌握精料和多汁饲料(包括青贮料、青草、块根块茎类等)的喂量,14 天后,精料可增加到正常喂量。对体况较肥,乳房膨胀过大,消化不良的,切忌过快增加精料量;对体况较瘦,消化力弱,食欲不振,乳房膨胀不显著的,可喂少量多淀粉的薯类饲料(如洋芋、甘薯等),以培养体力,有利于增加奶量。产后若对催奶操之过急,大量增加难消化的精饲料(如谷类精料),往往伤及肠胃,形成食滞或其他胃肠疾病,轻的影响本胎次泌乳能力,重的则伤害羊终生的生产性能。所以,如果干奶期间奶羊体况良好,便可慎重缓慢地增加精料,直到15天后按饲养标准喂给日粮,日粮中干物质量采食量按体重的3%~4%供给。日粮中粗蛋白质含量以14%~18%为宜,粗纤维含量以16%~18%为宜。据国外有关资料介绍,奶羊产羔后的最初一些日子,混合精料中50%左右应当是麸皮,对这个时期的奶羊来讲,小麦麸是一种体积大、易消化、有轻泻作用的理想的饲料。

（二）泌乳盛期

泌乳盛期也叫泌乳高峰期。奶羊从分娩后半个月左右开始乳量明显上升,直到60~70天达到泌乳高峰,然后保持一段较稳定的高产期,到第五个月奶量开始逐渐下降,这以前一段的泌乳期,称之为泌乳盛期。该期奶羊由于泌乳量大,体内贮存的各种养分不断付出,体重不断减轻。正是这个时候,饲养工作对于泌乳力的发挥最为有效,应该充分利用最优越的饲料条件,配合最理想的日粮,以刺激母羊泌乳力的充分发挥。从产后20天左右开始可以考虑超标准饲喂一些饲料。这叫催奶。其具体方法是,在原来精料喂量(0.5~0.75千克)的基础上,每天增喂50~80克精料,只要奶量不断上升,就继续增加,当增加到每千克奶给0.35~0.4千克精料时,奶量不再上升,就要停止加料,并将该精料量维持5~7天,然后按泌乳羊饲养标准供给。进行催奶饲喂时,要注意观察奶羊食欲是否旺盛,奶量是否继续上升,粪便是否过软过稀。要注意日粮的适口性,并从各方面促进其消化力,例如进行适当的运动,增加采食次数,改善饲喂方法等。要时刻保持泌乳羊旺盛的食欲,但要防止过食引起腹泻。若食欲不好,排软粪,粪便中有精料颗粒,这是消化不良的象征,就要控制或减少精料喂量。

高产奶羊的泌乳高峰期和饲料采食高峰期,二者不是同时出现的,一般是泌乳高峰期出现较早,采食高峰期出现较晚。为了预防泌乳高峰期营养亏损,饲养上要做到产前(干奶期)丰富饲养,产后科学饲养,精心护理;高峰期所喂饲料要适口性好、体积小、营养高、种类多、易消化;要增加饲喂次数,定时定量,要改进饲喂方法,少给勤添;要增加多汁饲料和豆浆,并保证自由采食优质干草和食盐,自由饮水。高峰期奶羊的产奶量占整个泌乳期奶量的 50% 以上,这一阶段产奶量的高低直接影响奶羊该胎次的产奶量。因此,千方百计把该期奶量促上去,是这一时期奶羊饲养的中心任务。

(三) 泌乳稳定期

母羊产后第五至第七个月的 3 个月为泌乳稳定期。该期母羊产奶量逐渐下降,但降速较慢。这一阶段母羊饲养的原则是尽一切可能使高产奶量相对稳定地保持一个较长的时期。在饲养上要坚持不懈地采用高产期所用的饲料种类、饲养方法和工作日程,千万不可以为高产期已过,就轻易改变饲养标准和方法。这一时期母羊奶量一旦下降,是不容易再上升的,最终将影响整个泌乳期的产奶量。这一阶段正处在6~8月份,北方天气干燥炎热,南方阴雨湿热,气温高对奶羊产奶有一定影响,饲养上要给泌乳羊多喂青绿多汁饲料,并保证自由饮用清洁水。

(四) 泌乳后期

母羊产后第八至第十个月的 3 个月为泌乳后期,也正是母羊怀孕的前 3 个月。由于气候、饲料的影响,尤其是发情、配种、怀孕的影响,产奶量显著下降。饲养上要想法使羊产奶量下降得慢一些,在泌乳高峰期增加精料是在奶量上升之前,而此期减少精料,要在奶量下降之后,这样便可减缓奶量下降速度。同时要根据奶羊营养状况,逐渐减少精料喂量。但若减得太快,常可使泌乳量急剧下降,影响胎次总产量;反之,若长时间日粮超过泌乳所需的营养,则导致奶羊变肥,也影响产奶量。因此,该阶段的饲养原则是:一方面控制羊体重不要增加太快,另一方面控制产奶量慢慢下降。这样,既可增加本胎次的泌乳量,也可以保证胎儿的发育,并为下一胎次的泌乳储蓄体力,打好基础。

(五)干 乳 期

母羊经过 10 个月的产奶和 3 个月的怀孕,体内营养和体力消耗很大,为使它有个恢复和补充的时机,让其停止产奶,这一停止产奶的时期就是干乳期。母羊在干乳期间,仍应饲喂全价营养,在其日粮定额中应提供充足的能量和所必需的蛋白质、矿物质和维生素,以便母羊在产奶期后体力体质得到恢复,乳腺机能得到充分休整,保证胎儿在怀孕后期 2 个月的正常生长发育,并使母羊体内贮存一定量的营养物质,为下一个泌乳期产奶奠定物质基础。一般人们不太重视母羊干乳期的饲养,这是不对的。事实证明,要想奶羊高产,必须要有干乳期,而且必须从干乳期饲养抓起才能实现。通常情况下,干乳期母羊体重如能比产奶高峰期增加 20%～30%,胎儿的发育和下一胎次的产奶量就有保证。但如果干奶羊喂得过肥,容易造成难产,也容易得代谢疾病。

1. **干乳期母羊饲养要点**　干乳期母羊体内胎儿的生长发育特别迅速,也就是说,胎儿体重的 70%～75% 是在这个时期发育完成的。母羊增重的 50% 是在干乳期增加的。所以,干乳期母羊虽不产奶,仍应按日产奶 1～1.5 千克的奶羊饲养标准饲喂,或者按怀孕母羊饲养标准饲喂。一般的方法是,干乳期前40天,50千克体重的羊,每日饲喂优质豆科干草1千克,玉米青贮料2.5千克,混合精料0.5千克;干乳期后20天要增加精料喂量,适当减少粗饲料喂量,混合精料喂量增至0.6~0.7千克。增加精料的作用,一是满足胎儿迅速生长发育的营养需要;二是促进乳房乳腺组织发育膨胀,增强其泌乳机能;三是使母羊适应精料量的增加,为产后催奶增加精料喂量打好基础。减少粗饲料喂量,是为了防止其体积过大,压迫子宫,影响血液循环,影响胎儿发育,甚至引起流产。

干乳期母羊不能喂发霉变质的饲料和冰冻的饲料,不能喂酒糟、发芽的马铃薯和大量的棉籽饼、菜籽饼等。要注意钙、磷和维生素的供给,可让羊自由舔食食盐、骨粉,每天补喂一些胡萝卜、南瓜、野青草之类富含维生素的饲料。要防止空腹饮水和过量饮水,严禁饮冰冻的水,饮用水的温度不可低于8℃~10℃,以防流产。

2. 干乳方法　可分为自然干乳法和人工干乳法两种。营养体况差、产奶量低的母羊,在其产奶7个月左右时配种,当怀孕1~2个月以后,产奶便会迅速下降而自动停止产奶,这就是自然干乳;对于营养体况好、产奶量高的母羊来讲,则难自然干乳,必须采取人为措施达到母羊停止产奶的目的,即人工干乳法。人工干奶的方法也有两种,即逐渐干乳和快速干乳。

(1)逐渐干乳法　其方法是在预期干乳前半个月开始,逐渐减少挤奶次数,有意打乱挤奶时间,停止乳房按摩,适当减少精料喂量,控制多汁饲料喂量,加强羊只运动量等办法,羊只一般在7~14天内即可逐渐干乳。

(2)快速干乳法　是生产实践中采用比较多的干乳方法。其具体做法是,在预定干乳的那一天,认真按摩乳房,进行最后一次挤奶,将乳房里的奶彻底挤净以后,擦干乳房,用2%碘液浸泡乳头,然后再向乳头孔注入青霉素或金霉素软膏,并用火棉胶封闭,通常7天内乳房中的积乳便被逐渐吸收,乳房体积缩小,干乳即告完成。

无论采取哪种方法干乳,最后一次挤奶一定要挤净。停止挤奶后要随时注意检查乳房。若乳房不过于肿胀,就不必管它,但若乳房肿胀厉害、发红、发亮、发硬,触摸时羊有痛感,就要实施挤奶,将奶挤出,重新进行干乳。如果乳房发炎,必须治疗好以后,再重新进行干乳。

干乳期在正常情况下为2个月左右。究竟多少天合适,则要依据母羊营养体况好坏、体质强弱、产奶量高低以及年龄大小等条件来决定,一般为1.5~2.5个月。

3. 干乳期母羊的管理　干乳初期要特别注意圈舍环境卫生,垫草要保持清洁干燥,以防乳房感染发炎。平时最好每天刷拭羊体一次,保持羊体皮毛光亮清洁,以防皮肤病和感染外寄生虫。严禁惊吓羊和打羊,出入圈舍门时谨防拥挤、跌倒;不跳沟坎,不走冰滑地面;不喂发霉变质和冰冻饲料,忌饮冰冻水,这些都是为了预防羊只流产。每天要坚持适量运动,如有放牧条件可将羊赶到草地上边放牧边运动则更为理想。对腹部过大、乳房过大而行走困难的羊,则不可强行驱赶,应任其随意自由活动。总之,此阶段的母羊应尽可能坚持运动,因为这对于预防难产有十分重要的作用。产前1~2天,将母羊圈入分娩栏,做好接产准备。缺硒地区,在产前60天左右时,每只母羊皮下或肌内注射1%亚硒酸钠1毫升,或羔羊出生后注射0.5毫升,以防羔羊白肌病。当土壤中硒含量在0.1毫克/千克以下时,引起羊缺硒,2~8周龄羔羊易得病。表现为生长缓慢,发育受阻,死亡率高。甘肃西科河羊场防治羔羊白肌病的办法是,亚硫酸钠与食盐混合喂给,每两个月喂一次,剂量为:哺乳羔羊 3～5 毫克,育成羊 5～10 毫克,成年羊 10～20 毫克,效果很好。

六、种公羊的饲养

种公羊的优劣直接关系到整个奶羊群的质量,除了从选种角度上严格选择外,饲养因素也是不可忽视的重要方面。从饲养原则上讲,要求种公羊始终保持中上等的营养体况,不肥不瘦,精力充沛,活泼敏捷,健康结实,配种期间性欲旺盛,精液品质优良,能够出色完成配种任务。

种公羊日粮配合的特点是,饲料要力求丰富多样。主要饲料是优质的豆科与禾本科混合干草,一年四季都应尽量供给。夏季补以占半数的青割草,冬季补给适量的多汁饲料。日粮营养不足部分或配种繁重时期,再用混合精料补充,如对每天配种 3～4 次、体重 80 千克的种公羊,需用 1.75 个饲料单位和 200 克可消化蛋白质的日粮标准。

蛋白质饲料,特别是动物性蛋白质饲料对于公羊精子的生成有显著的影响,是配种期间所不可缺少的。通常根据配种负担量加喂适当数量的生鸡蛋或牛奶、羊奶、脱脂奶。实践证明,公羊若性欲较差,精液品质不良,只要能增喂蛋白质含量高的饲料,如苜蓿草、豌豆料等,20 天后便可收到显著改进效果。谷类饲料中,燕麦、大麦、麸皮等如用量适当,对于提高精子活力和延长精子存活时间均有良好效果。

维生素饲料对公羊也有其特殊作用,特别是当维生素 A 缺乏时,影响到睾丸曲细精管上皮细胞的健康,而不能产生正常的精子;维生素 C 对于提高精子活力、延长精子存活时间都有重要作用;维生素 E 与精子形成有密切关系,缺乏时,睾丸萎缩,造成睾丸曲细精管上皮细胞形成不能恢复的病理变化。上述几种维生素可以通过饲喂青草、胡萝卜、南瓜以及发芽饲料等得到满足。

矿物质饲料对公羊也是必不可少的,特别是钙、磷元素尤为重要。可通过在饲料中添加骨粉、蛋壳粉、贝壳粉、白垩等提供,钙、磷比以 1.5～2∶1 为宜。必要时,还要在公羊的日粮中添加微量元素制剂。

实践证明,饲料变动对于公羊精液质量的影响比较缓慢,20～30 天后才可见效,所以种公羊在配种开始前 1 个月就要加强营养,这样才能保证配种期种公羊的种用品质。

第四节　山羊的繁殖特点

一、性成熟和初配年龄

山羊的性成熟年龄一般较绵羊早。许多品种的羔羊于 3 月龄左右就出现性活动现象,公羔爬跨,母羔发情,但此时羔羊仍在生长发育时期,为防止过早偷配怀孕,早熟品种应于 2 月龄时将公、母羔羊分群饲养。

山羊由于品种不同和所处环境条件的差别,性成熟年龄也有较大差异。在较寒冷的北方地区,绒毛山羊以及普通地方品种山羊的性成熟年龄在 4～6 月龄之间。在温暖的农业区,大部分山羊品种性成熟年龄在 2～4 月龄之间。青山羊在良好的营养条件下,60 天即能发情。奶用山羊的性成熟也较早,一般在 4～5 月龄之间,中卫山羊的性成熟期为 5～6 月龄。

山羊的初配年龄也随品种、环境条件以及饲养水平的不同而异,一般根据个体生长发育状况和品种用途而定。通常认为,当幼龄羊的体重达到成年羊体重的 70% 时,即为适宜的初配年龄。小母羊的初情期,受体重的影响比年龄的影响要大。奶用山羊,在正确的饲养条件下,小母羊于 10 月龄左右达到配种要求的体重指标(40～42 千克),即可及早投入生产;饲养条件较差时,到 1.5 岁龄才能达到这一指标。一般来说,早熟品种的初配年龄可在 6～12 月龄,晚熟品种则在 1.5 岁左右初配。小公羊在体格发育好时于 6～10 月龄便可承担少量配种任务。

二、繁殖利用年限

山羊最好的繁殖年龄是从开始初配到 5 岁,此后则逐渐衰退。母羊通常利用到 7～8 岁,种公羊一般只利用到 5 岁。本身健壮而又有特殊育种价值的公羊,可适当延长使用年限。饲养管理的好坏,对生殖机能的影响极大,营养不良或过分肥胖,都可缩短利用年限或造成不育,如果饲养管理条件优越,乳用山羊的繁殖年龄可延长到 10 岁乃至 10 岁以上。

三、发情及性周期

山羊为季节性繁殖的家畜。母山羊随日照变短而出现发情,在北半球,从当年 9 月份到翌年 1 月份,为主要繁殖季节。据瑞士奶山羊的统计资料,约 96.48% 在 9～12 月份发情配种,其中 83.6% 集中在 10～11 月份。饲养条件优越、地处温暖地区的培育程度高的山羊,则季节性的繁殖特点表现不甚明显,公山羊全年都有繁殖能力,不过仍以秋季日照变短时性活动较强烈。

性成熟的母山羊,在发情季节定期地随卵巢中卵泡的成熟而出现发情现象,表面比绵羊明显,很容易被认出。排卵时间一般在发情开始后 24～36 小时,所以发情后 12～24 小时内配种最容易受胎。若未受胎,再经 17～19 天又会出现发情现象,即为性周期。

四、配种与妊娠

山羊的配种一般都较顺利,尤其在发情末期,配种一次即可受孕。但在生产实践中通常采用两次配种的办法,在第一次配种后,间隔 12 小时仍再发情的,进行第二次配种。

母羊配种后是否怀孕,要到两个月后通过检查才可确认。妊娠检查应在早晨空腹时进行。检查者将母羊的头颈夹在两腿中间,弯下腰两手从羊体左右两侧放在母羊腹下乳房的前方,将腹部轻轻托起,左手将羊的右腹部向左方轻推就能触摸到胎儿,手感为较硬的小块。检查时,手要轻巧灵活,仔细触摸,切不可粗心大意,以免造成流产。母羊怀孕的最初两个月,怀孕征象不甚明显,两个月后则见性情温顺,举动安静,食欲增加,营养体况恢复较快,体躯逐渐丰满,奶量迅速下降,被毛显得光亮。头胎母羊怀孕两个月后,乳房开始发育,颜色变红,体积明显增大,手摸时感到丰满柔软。山羊的怀孕期一般为 145～150 天。

五、羔羊护理和培育

羔羊出生后应尽早吃到初乳。一般在出生后半小时至 1 小时即应让羔羊吃上初乳。初乳是指母羊产后最初 7 天内的鲜奶,俗称胶奶,它是新生羔羊不可缺少的非常理想的天然食物。

奶用品种的羔羊,在经过 7 天的初乳哺育期后,应与母羊分群管理,羔羊实行人工哺乳。这样做的好处是:第一,可以控制羔羊的哺乳量和哺乳次数,因为奶用羊产奶量高,随母羊自由吮乳会造成消化道疾病,如消化不良、腹泻等,影响生长发育;第二,可减少对母羊的干扰,能够保证母羊的采食、休息,利于其产奶性能的发挥。羔羊人工哺乳时,每天给奶总量以不超过羔羊体重的 8% 为宜,分 3~4 次瓶饲或盆喂,也可采用营养价值高的代乳品。要及早训练羔羊采食精料和优质干草。进行人工哺乳,要掌握以下技术要点。

（一）羔羊训练

人工哺乳的羔羊在开始时都要经过训练才能习惯。方法是,如用盆饲(普通搪瓷碗盆),饲养员须将手指甲剪秃,洗净手,喂奶时,一手固定羔羊头部,另一手的食指蘸上乳汁,并弯曲放入奶盆,指尖露出表面,让羔羊吸吮蘸有乳汁的指头,并慢慢将其诱至乳汁表面,使其饮到乳汁。这样训练几次,羔羊便会习惯。训练要耐心,不可心急强迫,要预防乳汁呛入气管。

奶羊数量大,羔羊多时,人工哺乳应在专门的哺乳室内进行。室内须设置带颈枷的哺乳架,用以固定羔羊,防止拥挤抢食,也便于放置哺乳盆或乳瓶,同时还可训练羔羊在各自固定的位置上饮食的习惯。

（二）定 时

羔羊初乳期后到 40 日龄,每日喂奶 4 次,每隔 3 小时左右一次,随羔羊日龄增长,适当减少喂奶次数。40~70 日龄,每日喂奶 3 次;70~90 日龄,每日喂奶 2 次;4 月龄前减为 1次,直到整 4 月龄时断奶。要把不同阶段的具体饲喂次数和饲喂时间列出日程表,并按表中规定的时间严格执行。

（三）定 量

羔羊的喂奶量应以满足其营养需要为原则。开始人工喂奶时,每次以 200~250 毫升为宜,并根据羔羊的个体大小和健康状况酌情增减。喂奶量要随羔羊年龄的增长而增加,每日喂奶量可由最初的 800 毫升增加到最大需要量时的 1 500 毫升。但到 70 日龄后,在羔羊逐渐习惯采食精料和干草的情况下,喂奶量则应逐渐减少。总之,不论何时,喂给羔羊的奶都不能太多,遇阴雨天羔羊不能外出运动时,喂量应较平时酌减。人工喂奶要严格掌握喂量,谨防羔羊吃得过饱引起消化功能失调,发生胃肠道疾病或腹泻。

（四）定 温

喂羔羊的鲜奶,温度必须接近或略高于母羊体温,以 38℃～42℃为宜。温度太低,不利于消化,容易引起胃肠病;温度过高,容易发生烫伤。

（五）定 质

喂羔羊的奶必须新鲜、清洁,以刚挤出的鲜奶为最好。在给羔羊奶盆分配奶时,要将奶汁充分搅动,使奶中乳脂分布均匀。为保证乳汁清洁卫生,所用盛奶器具要每日刷洗和定期消毒。

（六）清洁卫生

每次喂奶后,要用清洁毛巾擦净羔羊嘴巴上的残留乳汁,以防羔羊互相舔食引起疾病。每次用过的毛巾应洗净晾干。

为了使羔羊获得更完全的营养物质,促进其消化系统的发育,有利于健康生长,应尽早训练羔羊采食干草和精料。一般出生后 15 天即可开始训练。在羔羊运动场的草架上经常放置一些细嫩新鲜的青干草（以苜蓿、燕麦草为最好）,任其自由采食,使羔羊习惯采食羊奶、代乳品以外的饲料。对于哺乳羔羊来说,能够进食一些干草、精料类固体饲料,可以刺激和促进瘤胃功能的旺盛。这对实行早期断奶的羔羊更是不可缺少的。所以,羔羊在 20 日龄后,可喂给磨碎的混合精料,喂量以能够完全消化为限,忌用变质草料。

羔羊哺乳期间仍需饮水。因此,在活动场所要放置盛有清洁水的水槽,供羔羊随时饮用。为了适应山羊喜欢攀登高山峭壁的习惯,有条件的羊场,可在运动场内修筑攀登台,一般用土、石砌成固定的台阶式假山,或用木板木椽架设成木架,供羔羊攀登,锻炼羔羊,增强体质,有利于生长发育。

第五节　山羊的选种

山羊的育种方法和原理与绵羊基本一致。但山羊的选种方法与绵羊有较大区别,这里重点介绍这方面的内容。

选择种用山羊,是根据其个体品质(包括体质外形、生长发育和生产性能)、祖先和后代品质,进行综合鉴定的基础上来评定其优劣。这也称之为"综合选种法"。实践证明,坚持这种方法,对奶山羊品质的改良和提高都会产生良好的效果,偏废某一方面,会因选种的局限性和片面性而给育种工作造成损失。因此,综合选种在山羊育种中是十分重要的。

一、根据个体品质选种(个体品质评定)

(一) 体质外形评定

不同生产方向的山羊,其体质外形存在着明显的差别。奶用山羊具有细致紧凑的体质,骨骼细而结实,肌肉结实,轮廓清晰,不过肥、不臃肿,皮下脂肪和肌肉组织不甚发达,而内脏器官和乳房发育很好,性情活泼好动;肉用山羊显得松弛,骨骼较细,皮肤薄而松软,皮下脂肪和肌肉层发达,性情迟钝。毛皮用山羊与上述二者比较,体质结实而略显粗糙,骨骼结实,皮肤紧密,皮下结缔组织和肌肉发育一般,外貌强壮有力。总的来讲,山羊的体质比绵羊更结实,活泼好动,是抵抗力最强、适应性最好的家畜。单就外貌特征而言,用途不同的山羊差别较大,但共同的要求是:胸部深广,肋骨拱圆,背宽而直,尻宽而长,四肢端正,骨骼坚实,体躯深长,腹大而不下垂,乳房发达而有弹性,乳头大而整齐,被毛整齐有光。山羊外形上常见的缺陷有:胸狭,尻斜,凹背,垂腹,前后肢呈 X 状,卧系以及乳房上的各种缺陷等。这些缺陷在选种时是不允许的,应逐步淘汰或加以纠正。

现以奶用山羊为例,介绍山羊外形评定的具体方法。

不同奶用山羊品种各有鉴定标准和要求,但仍有其共同之处。凡奶用山羊均应具备以下特点:成年奶用山羊,前躯较浅,后躯较深,全身呈一楔形。从各部位看,头小额宽,颈细长,背平直,尻部宽长而不太倾斜,腹部发达,四肢细长而强健,肢势端正,皮肤薄而有弹性,毛细有光。乳房呈球形或梨状,与腹部附着面广,容积大,乳房皮肤细薄而富有弹性,乳房上无粗长毛,乳头大小适中并略倾向于前方。良好的乳房要求腺体组织发达,挤奶后乳房皱缩,皮肤上出现小皱纹。如果挤奶后乳房不见皱缩,表明乳房的乳腺组织发育不良,而是结缔组织占据了乳房的大部分结构,这种乳房通常称之为"肉乳房"。有这种乳房特征的羊不会有高的产奶量。产奶量低的山羊的乳房还有各种缺陷,常见的有:乳房下垂,乳头甚至垂到地面,致使山羊行动不便,这是由于乳房和腹部联系的肌肉松弛所致;乳房很小,乳头很短,造成挤奶困难;乳房一侧发育好,一侧发育差,显得不对称;乳房中间有一明显深沟,将乳房分割成两部分等,这些都是产奶性能低的表现。

乳静脉血管的发育程度是衡量奶用山羊产奶量高低的主要标志之一。乳静脉是血液经乳房流回心脏的血管,位于腹下皮肤里面,左右各一条,前端通入胸腔,在胸腔入口处有一小孔,称为"乳井"。乳井的大小与静脉的粗细成正比,乳静脉管在奶山羊干乳期收缩变细,但乳井的大小则很少变化。所以,可依此判断乳静脉的粗细,从而推断奶山羊泌乳能力的高低。乳静脉的后端呈网状分枝,分布于乳房表层下。此外,乳房的后上方,即尾部下方的乳房部位,特称之为"乳镜",乳镜宽的泌乳力亦高,反之则低。

通过外形鉴定能够很快确定奶用山羊在外貌和体型结构上的优缺点。但是要得出正确的评定结果,就要求鉴定人员具备丰富的经验和比较熟练的鉴定技术。为了防止外形鉴定上的主观性和便于比较,通常采用百分制评分法,就是用分数表示奶山羊各部位的好坏程度。以理想要求为满分,然后做具体比较鉴定给以应得分数,最后按各部位分数的总和来衡量奶山羊个体品质上外形的优劣。下面就萨能奶山羊的外貌鉴定标准作一介绍。

1. 萨能羊在瑞士的原鉴定标准

(1) 母羊的外貌鉴定标准(满分 100 分)。

头(3 分):中等长,雌性特征明显,外观良好,侧视头呈直线或凹下,眼大清亮,额宽,耳直立或向前下垂。

鼻镜(3 分):宽广,鼻孔大,唇及上下颚结实。

角(2 分):天然无角(去角干净的评 1.5 分,有角或锯角的扣 2 分)。

颈(3 分):瘦长,肉垂或有或无,无垂皮,头颈结合良好,如有肉垂要等长。

肩(6 分):与腰角等高,肩胸结合良好,鬐甲尖,两肩胛骨之间要宽,胸深而宽,前肢直而壮。

体躯(10 分):长,肋骨拱起,胸围大,两后膝的距离要大于两腰角,椎突明显。

后肢(6分):正、直、强壮,无畸形肿胀之处,长短与体躯相适应,两飞节不呈 X 状,股部厚,后部略凹入,给乳房有充足的空间,系部要直,蹄结实,不偏左偏右。

乳房(25分):球形,附着面积要大,组织柔软,为非肌肉组织,乳房的前部附着良好,乳房之间无纵沟,乳房的后部附着要高,结实而不下垂,乳房的左右两半要平衡,从后面看呈圆形。

乳头(8分):下垂而略向前倾,长短适中,以便于挤奶为度,位置适中,相互间距离大,与乳房连接处的界限要显明,乳头孔出乳通畅。

乳静脉(4分):粗、长、弯曲明显,侧面的分枝血管要多。

体格大小(10分):成年羊体高 79 厘米以上,体重 58 千克以上。

外貌(15分):活泼,乳用型显著,毛柔细光滑,皮肤薄而有弹性。

毛色(5分):白色或淡黄油色,以白色为上;皮肤上允许有黑斑,但不得有杂色。

(2) 公羊(1 岁龄以上)的外貌鉴定标准(满分 100 分)

头(6分):雄性特征明显,不臃肿,强壮而不粗糙,颜面侧视时呈直线或凹下,眼大清亮,两眼距离宽,耳直立或倾向前方。

鼻镜(6分):宽,鼻孔大,上下唇及上下颚结实。

角(5分):天然无角(去角干净的评 3 分,有角或锯角的扣 5 分)。

颈(5分):强壮,肌肉发达,垂皮可有可无;肉垂可有可无,如有,应等长。

肩(10分)：与腰角等高或稍高于腰角，强壮有力，肩躯结合良好，鬐甲瘦而尖，胸深而宽，前肢直而强壮，骨骼发达。

体躯(18分)：长，肋骨弯曲良好，胸围大，腹部深而发达，不下垂，背、尻强壮，尻稍倾斜，腰角之间的距离要大。

后肢(10分)：直，强壮，前向，两飞节距离要宽，系部要正直，蹄结实。

生殖器官(10分)：发育良好，睾丸等大，非隐睾。

体格大小(10分)：体高89厘米以上，体重83千克以上。

外貌(15分)：活泼，强壮而不粗糙，被毛光滑，毛短或中等长，皮肤薄而有弹性。

毛色(5分)：白色或淡黄油色，以白色为上；皮肤上可有黑斑，但毛色必须为白色。

2. 西北农林科技大学萨能羊外貌鉴定现行评分标准

见表7-9。

表7-9 西北农林科技大学萨能羊外貌鉴定现行评分标准

母羊外貌鉴定标准

项　目	满　分　标　准	标准分
一般外貌	体质结实，结构匀称，轮廓明显，反应灵敏。外貌特征符合品种要求。头长、清秀、鼻直、鼻孔大，嘴齐，眼大有神，耳长、薄并前倾、灵活，颈部长。皮肤薄、柔软、有弹性。毛短、白色、有光泽	25
体躯	体躯长、宽、深，肋骨开张、间距宽；前胸突出且丰满；背腰长而平直，腰角宽而突出，肷窝大，腹大而下垂，尻部长而不过斜，臀端宽大	30
泌乳系统	乳房容积大，基部宽广，附着紧凑，向前延伸，向后突出。两叶乳区均衡对称。乳房皮薄、毛稀、有弹性，挤奶后收缩明显，乳头间距宽，位置、大小适中，乳静脉粗大弯曲，乳井明显，排乳速度快	30

项 目	满 分 标 准	标准分
四肢	四肢结实,肢势端正,关节明显而不膨大,肌腱坚实,前肢端正,后肢飞节间距宽,利于容纳庞大的乳房,系部坚强有力,蹄形端正,蹄质结实,蹄底圆平	15

公羊外貌鉴定标准

项 目	满 分 标 准	标准分
一般外貌	体质结实,结构匀称,雄性特征明显。外貌特征符合品种要求。头大、额宽,眼大突出,耳长、直立,鼻直、嘴齐,颈粗壮。前躯略高,皮肤薄而有弹性,被毛短而有光泽	30
体躯	体躯长而宽深,鬐甲高,胸围大,前胸宽广,肋骨拱圆,肘部充实,背腰宽平,腹部大小适中,尻长宽而不过斜	35
雄性特征	体躯高大,轮廓清晰,目光炯炯,温顺而有悍威。睾丸大、左右对称,附睾明显,富于弹性。乳头明显,附着正常,无副乳头	20
四肢	四肢健壮,肢势端正,关节干燥,肌腱坚实,前肢间距宽阔,后肢开张,系部坚强有力,蹄形端正,蹄缝紧密,蹄质坚韧,蹄底平正	15

在各部位的鉴定评分结束后,便可得出总分数,然后根据表 7-10 规定的标准确定被鉴定羊的体质外形等级。

表 7-10　奶羊体质外形等级评分标准

性　别	特　等	一　等	二　等	三　等
公　羊	85	80	75	70
母　羊	80	75	70	65

（二）生长发育评定

山羊的各种主要经济性状都是在个体生长发育过程中形成的。个体发育的好坏直接关系着山羊一生的生产性能。因此，个体发育指标是评定种羊的重要依据之一。山羊一生中，一般以初生、断奶、周岁和 1.5 岁时的体重和体尺，表示其生长发育在各个代表性阶段的指标。发育评定是以各阶段的最低指标为依据，决定山羊的选留或淘汰。我国奶山羊的发育评定可参照西北农林科技大学制定的萨能奶山羊的生长发育标准进行（表 7-11）。体重、体高指标必须达到表中所列低限要求，才能进行相应评定。

表 7-11　西农萨能奶山羊不同年龄的体重和体高低限

（单位：千克，厘米）

年　龄	公　羊		母　羊	
	体　重	体　高	体　重	体　高
初　生	3.0	34	2.8	32
4 月龄	20	57	18	55
8 月龄	32	64	30	60
1　岁	42	70	36	65
2　岁	55	76	42	68
3 岁以上	75	80	50	70

羊只在不同年龄阶段的生长发育过程中，对羊体各部位出现的缺陷要严格掌握。按缺陷度分为严重失格、中度失格和轻度失格，应予相应扣分。有严重缺陷的则为不合格种羊，应及时淘汰。

（三）生产性能评定

生产性能指标是评定山羊品质优劣的一个最现实、最重要的标准,但对不同产品方向的品种则有不同的要求。譬如,对奶用山羊应着重于产奶量和乳脂率指标;毛绒用山羊则强调毛、绒的产量和质量;裘皮、羔皮用山羊则着重于裘皮、羔皮的质量和产量;兼用品种山羊则根据其所代表的主要产品和兼用产品的生产性能指标综合评定。

这里重点介绍奶用山羊生产性能评定的方法。奶用山羊的生产性能指标以产奶量和乳脂率为主,有些国家还要求乳蛋白质指标。西北农林科技大学在规定标准乳脂率为3.6%时,奶山羊的产奶量等级评定按表7-12进行。当乳脂率大于或小于3.6%的标准时,应换算成标准乳脂率的产奶量。其方法是,泌乳期的产奶量乘以实际乳脂率,再除以标准乳脂率,则可得出标准乳脂率时的产奶量。例如,一只奶山羊在300天泌乳期产奶量为800千克,实际乳脂率为3.8%,换算成标准乳脂率时的产奶量则为:800千克×3.8÷3.6＝844.4千克。

表7-12　母羊产奶量评定等级标准

等级	第一胎300天产奶量(千克)	第三胎300天产奶量(千克)	乳脂率(%)
特等	700	900	3.6
一等	600	800	3.6
二等	500	700	3.6
三等	400	600	3.6

注:在应用此标准时,对乳脂率低于3.2%的羊不得列入特等

公羊根据女儿的产奶量评定等级,标准同上。

选择种羊时关于个体品质评定的三个方面,即体质外形、

生长发育及生产性能三者之间是有一定联系的。一般说来,生长发育理想的羊,其体质外形会好些,生产性能相应地也较高。但在生产实践中,在评定个体品质时,常常是以生产性能的高低作为重点来考虑的。有人主张,生产性能应占60%的比重,生长发育占25%,体质外形占15%。

二、根据系谱选种(祖先评定)

选留种羊,除考核其本身的表现外,还要评定其祖先的优劣。因为种羊品质的优劣与其祖先的遗传稳定性关系极大,根据系谱选种就是通过系谱分析的方法进行。系谱是种畜的历史资料,如果一只种羊在其系谱上有许多卓越的祖先,那么这只羊产生优秀后代的可能性就很大。祖先对后代在遗传上影响的程度,随着代数的增加、血缘关系的疏远而降低,对后代影响最大的是父母代,其次是祖父母代,依次递减。因为在没有近交的情况下,每经过一代,个体与祖先的关系减少一半。因此,一般只考查3~4代,在分析系谱资料时,祖先的后裔测验成绩比其表型值材料更为重要。

三、根据后代品质选种(后裔测验)

种羊育种价值的高低,只有根据后代的质量才能做出最后的评价。按后代品质选种,这是确定种羊种用价值的最可靠的方法。后裔测验之所以必要,是因为种畜不论如何优越,其后代品质并不都是和它本身一样。这种根据后代品质,确定对亲代选留或淘汰的方法叫后裔测验,或后裔评定。山羊后裔测验常用的方法有以下两种。

(一)母女对比法

按照父母双亲对后代影响各占一半的原则,以女儿的第一胎产奶量与母亲同龄同胎次的产奶量做比较,若女儿的成绩高于其母亲的成绩,则认为该种公羊的种用价值好,是"改良者";若女儿的成绩相似于或低于母亲,则该种公羊不宜做种用。其计算公式是:

$$D = \frac{(F+M)}{2}$$

式中: D——女儿第一胎次平均产奶量

M——母亲同龄同胎次时的平均产奶量

F——父亲的产奶量,即公羊指数

由上式可得出:

$$F = 2D - M$$

这就是说,公羊指数等于两倍的女儿平均产奶量减去母亲的平均产奶量。此值越大,公羊的种用价值就越高。

采用此法评定种公羊时,必须有一定数量的女儿,所以 1 只被测公羊需配 30 只以上的母羊。这一方法的不足之处是所比较的母女产奶量是在不同年份取得的,因而往往有因年份不同而所造成的环境误差存在。

(二)同期同龄后代对比法

此法是用于数只公羊种用价值的比较,要求被评定的公羊在同一时期各配若干母羊,这样所产后代分娩季节相同,比较容易做到饲养管理条件相似;同时要求与配母羊各方面条件尽可能相似,这样所得结果就较准确。由于公羊间的女儿数不等,故常采用 1 头公羊女儿数(n_1)与全群头数(n_2)加权平均后的有效女儿数(W)。即:

$$W(有效女儿数) = \frac{n_1 \times (n_2 - n_1)}{n_1 + (n_2 - n_1)}$$

然后根据某一公羊女儿产奶量(X_1)与被测公羊全部女儿产奶量的平均数($\overline{X}$)的差数(D)乘以有效女儿数,求得加权

平均差数(DW),然后计算出各个公羊的相对育种值,即可直接比较出被测公羊种用品质的优劣。相对育种值的公式为:

$$RBV(相对育种值)=\frac{DW+\overline{X}}{\overline{X}}\times100\%$$

相对育种值越大越好,一般以 100%作为判断界限,超过100%的为初步合格公羊。

第六节　山羊业的有关记载

由于山羊的生产用途不同,所以有关记录登记的内容和形式也不尽相同。主要包括种公羊卡片、种母羊卡片、配种产羔记录、个体鉴定记录、生产性能记录等。在生产性能记录中,对毛用、绒用山羊要记录的项目包括:产毛量(原毛量、净毛量、净毛率)、产绒量(原绒量、净绒量、含绒率)、毛绒品质(细度、长度、匀度、油汗)等指标;对毛皮山羊还应有其毛皮利用时期的毛皮品质鉴定成绩。

现以奶山羊为例,介绍有关记载表格的形式。

一、公羊卡片

奶山羊的公羊卡片,包括个体生长发育情况、系谱、外形评定结果和后裔测验成绩等(表 7-13)。

二、母羊卡片

包括个体生长发育、系谱、繁殖及产奶量记录等内容(表7-14)。

表 7-13　公羊卡片

编号_____　品　种_____　出生日期_____

毛色_____　出生地_____　同胎头数_____

（一）个体生长发育情况

项　　目	初生	4个月	6个月	1岁	1.5岁	2岁	备注
体重（千克）							
体高（厘米）							
体长（厘米）							

（二）系　谱

父

品种...............　等级...............

编号...............　年龄...............

母

品种...............　等级...............

编号...............　年龄...............

（三）外形评定结果

评分_____　等级_____

（四）后裔测验成绩

F值_____　RBV值_____

265

表 7-14　母羊卡片

编号_____　　品　种_____　　出生日期_____

毛色_____　　出生地_____　　同胎头数_____

（一）个体生长发育情况

项　　目	初生	4个月	6个月	1岁	1.5岁	2岁	备注
体重（千克）							
体高（厘米）							
体长（厘米）							

（二）繁殖记载

年度	胎次	与　配公羊号	分娩日期	羔羊编号			羔羊性别及初生重		
				(1)	(2)	(3)	(1)	(2)	(3)

（三）系　谱

父

品种............　　年龄............

编号............　　等级............

母

品种............　　年龄............

编号............　　等级............

（四）产奶量记录

年　度	胎次	开始泌乳日期	停止泌乳日期	泌乳日数	总产量（千克）	平均日产（千克）	最高日产（千克）	300天产量（千克）

三、山羊配种分娩记载

这是山羊日常生产管理中一种不可缺少的记载。它是进行育种和组织生产管理的一项基本档案资料(表 7-15)。

表 7-15 山羊繁殖登记表

繁殖母羊号_____ 父号_____ 出生日期_____
品　　种_____ 母号_____ 同胎头数_____

序号	母羊号	第一次配种		第二次配种		第三次配种		分娩日期		妊娠天数	胎次	羔羊性别及初生重			羔羊留种编号			备注
		日期	公羊号	日期	公羊号	日期	公羊号	预产期	实产期			(1)	(2)	(3)	(1)	(2)	(3)	
1																		
2																		
3																		

四、山羊产奶记载

山羊产奶记载,见表 7-16。

表 7-16 山羊产奶登记表

母羊号　　　　　年　　月　　　　　单位:千克

日　期	第一次	第二次	第三次	第四次	日产量	备　注
1						
2						
3						

第七节　山羊业产品的特殊价值

山羊是人类最早驯养和利用的家畜之一，据考证，人类饲养山羊已有1万年左右的历史。由于山羊是家畜中适应性最强的动物，因而在世界的不同生态区域里都有分布，并形成了各种不同的类型和品种。山羊具有体格轻小、性格温顺活泼、成熟早、繁殖力强、周转快、不易患病、饲养成本低、产品种类多而价值高等特点，是畜牧业主要组成部分之一。

山羊为人类提供的产品中，以奶、肉、绒、毛、毛皮、板皮等为主，其次还有肠衣、有机肥料等。这些产品有着不同于其他畜产品的特殊价值。

一、山羊奶

在人类食品中，哺乳动物的奶是营养成分最全而又最容易被消化和吸收利用的食物。为什么哺乳动物出生后仅靠母乳就能正常生长发育，道理就在于此。据现代营养学研究得知，哺乳动物奶中含有多种营养物质和生物活性物质，包括多种氨基酸、维生素、矿物质、乳酸以及多种乳糖和酶。奶中各种营养物质的消化率都在90%以上。

就山羊奶来说，还有其独特的优点：一是山羊奶中的乳脂肪球颗粒小，在消化道里容易充分乳化，形成稀薄的微粒状乳浊液，扩大了与脂肪酶接触的面积，因而容易消化吸收；二是山羊奶中的酪蛋白与人奶酪蛋白在结构上相似，在胃蛋白酶的作用下，形成松软细小的絮状物，利于消化吸收；三是山羊奶中多种维生素含量高于牛奶，钙、磷含量是人奶的4～8倍，每100克山羊奶中含钙180毫克、磷120毫克；四是山羊奶酸度低,pH 值 7 左右,酸度为 12~15°T。具有抗变态反应特性。牛奶则偏向酸性,pH 值 6.6~6.8,酸度 17~18°T。所以,山羊奶对于胃酸分泌过多的人以及胃肠溃疡患者,有过敏性反应的患者,是一种有治疗作用的饮食;五是在一般情况下,山羊与奶牛相比不容易患结核病,所以山羊奶中很少有结核菌;六是山羊奶的总营养价值也较牛奶高,其干物质含量一般比牛奶高 10%左右,每千克鲜山羊奶的产热量比牛奶多 209 千焦,用山羊奶加工的酸奶和干酪,质量好而味美可口。

由于山羊奶具备以上特点,所以在有些国家山羊奶的价格比牛奶高,如法国就高出 40%~60%,它主要用于制造可口的干酪。在美国加州把鲜山羊奶作为专用的营养佳品。

山羊奶有一种特殊的膻味,并且随着奶的新鲜程度的降低而加重,刚挤下的奶膻味很轻。为了减轻膻味,挤奶场所和放置奶品的地点应远离公羊所在的场所;挤奶母羊要保持畜体清洁卫生,特别是乳房区;奶品应及早利用,不可搁置太久。

二、山 羊 绒

山羊绒在国际市场上又称"开士米"。这是由于最早由克什米尔地方的居民,用当地山羊和我国西藏山羊所产的绒毛编织轻薄柔软的披肩,远销外地而得名。山羊绒是指绒山羊被毛中底层纤细柔软的毛纤维而言,它同马海毛(安哥拉山羊毛)、兔毛、骆驼毛等都属于天然纤维中的特种毛纤维,用以生产具有特殊风格的毛织品,是毛纺工业的高级原料,有"纤维中之宝石"之称。

我国生产的山羊绒绒纤维较细,绒纤维直径一般为 14~17 微米,绒长 40~50 毫米,强度 4.08~5.66 克,光泽明亮如丝样。其织品具有轻、暖、手感柔软滑爽三大特点,属高档商品,是当今人们追求的理想衣着之一。我国山羊绒产量居世界首位,并以质优而闻名。山羊绒是我国传统的出口物资,售价为细羊毛的 7～8 倍。近年来,我国用山羊绒加工织成的羊绒衫,已远销北美、西欧等地,颇受欢迎。在国内也已开辟出广阔的市场。

三、山羊毛

山羊毛包括普通山羊粗毛和安哥拉山羊毛。从普通地方品种山羊、毛皮山羊、肉用山羊以及绒毛山羊身上剪取的粗毛,长且较硬,统称为山羊粗毛。其用途较为广泛,是长毛绒、人造毛皮、绒布、毡毯、工艺呢、布幔呢、坐垫、毛笔、排笔、画笔、各种刷和民族用品等方面的重要原料,需要量很大。我国生产的山羊粗毛大部分用于出口,远销国外。安哥拉山羊品种生产的山羊毛,在国际市场上称"马海毛"。属同质羊毛,毛纤维细长,强度大而富有弹性,光泽明亮如丝,具有波浪状大弯曲,是一种优质高档的毛纺原料,用以织造精梳纺衣料、毛毯、银枪呢、人造毛皮、窗帘等高档商品,经济价值很高,在国际市场上的售价相当于美利奴羊毛价格的 4 倍。安哥拉山羊毛纤维的细度范围为 10～90 微米,主体细度为 30～39 微米,羊毛细度有随年龄增长而变粗的趋向,羊毛长度 18 厘米左右。

四、山羊肉

山羊肉同绵羊肉相比较,色泽较红,脂肪含量低并主要沉积在皮下和内脏器官周围。山羊肉中蛋白质含量 20.65%,脂肪含量 4.30%,灰分 1.25%,其营养价值与中等肥度牛肉相似。特别是山羊肉的胆固醇含量在各种肉类中最低,是忌食高胆固醇的人的一种比较理想的肉食。

山羊肉作为人类肉食的一个主要组成部分,在有些国家占有很大比例,如印度肉食供应量的 47.7% 来自山羊,巴基斯坦、也门、苏丹、墨西哥、希腊等国山羊肉的产量超过或等于绵羊肉的产量。在我国有些省、自治区的局部地区也是如此。所以,从产肉性能考虑,山羊也有其特殊的经济价值。

五、山羊毛皮和板皮

山羊的毛皮可分为羔皮、裘皮和绒皮三类。羔皮又称猾子皮,是羔羊出生后 1~3 日内宰杀剥取的毛皮。我国山东省菏泽、济宁两地区所产青山羊猾子皮,具有行云流水样的波纹,图案和色泽都很美观,主要做女式翻毛外衣。我国年产约 500 万张山羊羔皮,大都出售于国外,是我国传统的出口物资。山羊裘皮,是专门的裘皮山羊品种剥取的毛皮。中卫山羊是我国独有的珍贵的裘皮山羊品种,其羔羊出生后 1 月龄左右宰杀剥取的毛皮称为沙二毛皮,即裘皮。具有波浪状弯曲的花穗,洁白光亮,花案清晰整齐,轻暖美观,与著名滩羊二毛裘皮极为相似,颇受消费者欢迎。山羊绒皮是成年山羊皮经鞣制而成,用于制作皮袄、皮帽、皮鞋里子、皮褥子等。我国生产的皮褥子大量用于出口。山羊板皮是成年山羊去毛后用于制革的山羊皮。山羊板皮经鞣制成革后,轻柔细致,薄而富弹性,染色和保型性能良好,是国际皮张市场上的主要商品之一,山羊板皮的世界年贸易量约 8 000 万张,其中我国出口约占 1/8。山羊板皮销路良好,价格不断上涨。

六、山羊肠衣

山羊肠衣质地坚韧,是用于加工香肠、弦网、肠线等的优

质原料。我国生产的山羊肠衣,以品质稳定、肠壁坚韧而深受
用户欢迎。

附录 细毛羊、半细毛羊鉴定标准

一、品种标准

（一）中国美利奴羊

中国美利奴羊具有体型好，体质结实，适于放牧饲养，净毛产量高，羊毛品质优秀等特点。鉴定分级标准，具体要求如下。

一级羊 体形呈长方形，鬐甲宽平，背长，尻部平直而宽，胸宽深，颈短，皮肤薄而宽松，公羊颈部有 1～2 个横皱褶和发达的纵皱。母羊有发达的纵皱，无论公、母羊躯干部均无明显皱褶。公羊有螺旋形角（个别优秀个体允许无角）。母羊无角，后躯丰满，肷部皮肤宽松，四肢结实，肢势端正。

被毛毛丛结构良好，毛密度大，各部位毛丛长度与细度均匀，头毛密长，着生至眼线，外形似帽状，前肢毛着生至腕关节，后肢至飞节。体侧 12 个月毛长不短于 9 厘米，细度 60～64 支。油汗白色或乳白色，含量适中，分布均匀，能很好保护毛丛。体侧部净毛率不低于 50%。全身被毛具有明显的大、中弯曲。腹部毛生长良好，呈毛丛结构。其最低生产性能指标见附表 1-1。

附表 1-1　一级中国美利奴羊最低生产性能指标

区　分	剪毛后体重 （千克）	净毛量 （千克）	毛　长 （厘米）
成年公羊	65	5.5	9.0
育成公羊	38	3.0	10.5
成年母羊	38	3.0	9.0
育成母羊	32	2.5	10.5

二级羊　基本符合一级羊要求，但类型不符合要求，或净毛量、体重较一级羊低。净毛产量成年公羊不得低于 4.7 千克，育成公羊和成年母羊不得低于 2.5 千克，育成母羊不得低于 2.2 千克，体重成年公、母羊分别不得低于 59 千克和 34 千克。

三级羊　羊毛长度和羊毛品质基本符合一级羊要求，但毛密度较稀，腹毛较差，净毛产量较一级羊低，但成年公羊不得低于 4.3 千克，育成公羊不得低于 2.3 千克；成年母羊不得低于 2.2 千克，育成母羊不得低于 2.0 千克。

特等羊　凡全面符合一级羊要求，而在下列三项指标中有两项达到的，可列为特等羊。

（1）净毛产量　成年公羊 6.3 千克以上，成年母羊 3.5 千克以上。育成公羊 3.5 千克以上，育成母羊 3.0 千克以上。

（2）毛长　成年羊 12 个月毛长 10 厘米以上，育成羊 15 个月 11.5 厘米以上。

（3）体重　成年公羊 75 千克以上，育成母羊 37 千克以上。

（二）新疆细毛羊

外貌特征 见第二章第一节。

羊毛品质 被毛白色,闭合性良好,有中等以上密度,羊毛有明显的正常弯曲,细度 60～64 支,体侧部 12 个月毛长 7 厘米以上,各部位毛的长度和细度均匀,羊毛油汗含量适中,分布均匀,呈白色、乳白色或淡黄色,净毛率达 42％以上。细毛着生头部至眼线,前肢至腕关节,后肢至飞节或飞节以下。腹毛较长,呈毛丛结构,没有环状弯曲。

生产性能 适应性强,在四季草场放牧、冬春季适量补饲条件下的最低生产性能指标见附表 1-2。

附表 1-2　一级新疆细毛羊最低生产性能指标　（单位:千克）

区　　分	剪毛后体重	剪毛量	净毛量
成年公羊	75.0	8.0	3.5
成年母羊	45.0	4.5	2.0
幼龄公羊	40.0	4.5	2.0
幼龄母羊	33.0	3.7	1.7

新疆细毛羊具有良好的放牧抓膘能力,成年母羊在纯放牧条件下,从剪毛后到满膘约可增重 12 千克,屠宰率为 48％左右。在均衡的饲养条件下,经产母羊的产羔率为 135％。

分级标准 新疆细毛羊鉴定后分为 4 级。

一级 符合品种标准的为一级,其中的优秀个体,凡符合下列条件的列为特级:一是毛长超过标准 15％,体重、剪毛量各超过标准 10％,三项中有两项达到的;二是体重超过标准 20％,剪毛量超过标准 30％,两项中有一项达到的。

二级 基本符合品种标准,毛密度稍差,腹毛较稀或较短的为二级。头毛及皱褶过多或过少,羊毛弯曲不够明显,油汗含量不足、颜色深黄的个体也允许进入二级。二级的最低生产性能指标见附表1-3。

附表1-3　二级新疆细毛羊最低生产性能指标　（单位:千克）

区　　分	剪毛后体重	剪毛量
幼龄公羊	40	3.8
幼龄母羊	33	3.2

三级　其他指标符合品种标准,体格较小,毛短(公羊不得低于6厘米,母羊不得低于5.5厘米)的列为三级。头毛及皱褶过多或过少,羊毛油汗较多、颜色深黄,腹毛较差的个体允许进入三级。三级的最低生产性能指标见附表1-4。

附表1-4　三级新疆细毛羊最低生产性能指标　（单位:千克）

区　　分	剪毛后体重	剪毛量
幼龄公羊	35	3.5
幼龄母羊	30	3.2

四级　生产性能低,毛长不短于5厘米,不符合以上三级条件的列为四级。

（三）边区莱斯特羊（半细毛羊）

理想型边区莱斯特羊体质结实,公、母羊均无角,背长而平,四肢高而健壮,体躯宽深,前胸向前突出,发育良好,呈长方形。头形狭长,耳大竖立,面部无绒毛。鼻梁弓形隆起。蹄黑色,面、唇、鼻端及四肢下部允许有皮肤色素斑点。被毛呈毛辫结构,光泽好,密度、匀度、油汗、弯曲、腹毛均正常,羊毛细度40～46支,净毛率65%。最低指标为:12个月毛长,公羊

17 厘米;剪毛后体重,成年公羊 85 千克,育成公羊 50 千克,成年母羊 50 千克,育成母羊 40 千克;剪毛量分别为 6,4,4,3 千克。

鉴定分为三级。

一级 为本品种的理想型。其中体重、剪毛量和羊毛长度三项指标均超过一级标准 15%,或具有特殊育种价值的,可列为特级。

二级 基本符合理想型要求,但毛稍短,剪毛量较低。

三级 体格较小,羊毛偏短、偏细,但不超过 50 支。

二、三级羊最低生产性能指标见附表 1-5,附表 1-6。

附表 1-5 边区莱斯特二级羊最低生产性能指标

区　　　分	体重(千克)	剪毛量(千克)	羊毛长度(厘米)
成年公羊	80.0	5.5	16.0
育成公羊	45.0	3.5	16.0
成年母羊	45.0	3.5	14.0
育成母羊	35.0	2.5	14.0

附表 1-6 边区莱斯特三级羊最低生产性能指标

区　　　分	体重(千克)	剪毛量(千克)	羊毛长度(厘米)
成年公羊	75.0	5.0	15.0
育成公羊	40.0	5.0	15.0
成年母羊	40.0	3.0	13.0
育成母羊	30.0	2.0	13.0

二、细毛羊鉴定项目和符号

细毛羊按 12 项顺序进行鉴定,采用汉语拼音文字字母及符号代表鉴定的结果。

（一）头　毛

T——头毛着生至眼线；T$^+$——头毛过多，毛脸；T$^-$——头毛少，甚至光脸。

（二）类型与皱褶

L——公羊颈部有 1～2 个完全或不完全的横皱褶，母羊颈部有 1 个横皱褶或发达的纵皱褶；L$^+$——颈部皱褶过多，甚至体躯上有明显的皮肤皱褶；L$^-$——颈部皮肤紧，没有皱褶。

（三）羊毛长度

第一，实测毛长：在羊体左侧横中线偏上、肩胛骨后缘一掌处，顺毛丛方向测量毛丛自然状态的长度，以厘米数表示。最小单位为 0.5 厘米。尾数三进二舍。

第二，在评定等级时，超过或不足 12 个月的毛长均应折算为 12 个月的毛长。可根据各地羊毛生长规律合理制定。

第三，种公羊的毛长除记录体侧毛长外，还可测定肩、背、股、腹部的毛长，用作选种参考。记载顺序是背、肩、股、腹。

（四）羊毛密度

M——毛密度符合品种标准；M$^+$——毛密度很大，M$^-$——毛密度差；M$^=$——毛密度很差。

（五）羊毛弯曲

按羊毛弯曲的明显度及弯曲大小形状评定。

W——属正常弯曲，弯曲明显，弧度呈半圆形，弧度的高等于底的 1/2；W$^+$——具有明显的深弯，弧度高大于底的 1/2；W$^-$——弯曲不明显，弧度高小于底的 1/2。

如需记载弯曲的大小，可在同一符号的右下角用 D，Z，X 表示。W$_D$——大弯，W$_Z$——中弯，W$_X$——小弯。

（六）羊毛细度

在测定毛长的部位取少量毛纤维测定其细度，以品质支数表示。在现场采用目估测法时应对照毛样细度标本。种畜场的育种群逐步采用客观测定法，以显微镜测定羊毛纤维的平均直径，以微米表示（附表 1-7）。

附表 1-7　羊毛品质支数与毛纤维直径对照表

品质支数	平均直径（微米）	品质支数	平均直径（微米）
80	14.5～18.0	50	29.1～31.0
70	18.1～20.0	48	31.1～34.0
66	20.1～21.5	46	34.1～37.0
64	21.6～23.0	44	37.1～40.0
60	23.1～25.0	40	40.1～43.0
58	25.1～27.0	36	43.1～55.0
56	27.1～29.0	32	55.1～67.0

（七）羊毛油汗

鉴定羊毛中油汗的含量及油汗的颜色。

H —— 油汗含量适中；H$^+$ —— 油汗过多；H$^-$ —— 油汗不足。

油汗颜色记录在同一符号的上方。

H —— 白色油汗；Ḧ —— 乳白色油汗；Ĥ —— 淡黄色油汗；Ĥ —— 深黄色油汗。

（八）被毛和毛丛纤维的均匀度

Y —— 被毛均匀，体侧和股部毛纤维细度的差别不超过一个细度等级,毛丛内毛纤维均匀度良好;Y^-——被毛匀度较差,体侧和股部毛纤维细度差两个等级;$Y^=$——被毛细度不均匀,体侧股部羊毛细度品质数相差在两个等级以上。

在同一符号上方表示毛丛中纤维的均匀度。

$\hat{Y}$——体侧及后躯毛丛内纤维直径不够均匀,毛丛中存在少量的浮现粗绒毛;$\hat{\hat{Y}}$——毛丛内毛纤维的直径均匀度很差,有较多的浮现粗绒毛。

(九)体格大小

以 5 分制表示,也可在分数后加"+"、"-"号,以示上述分数的中间型。

"5"——体格很大,体重超过品种标准;"4"——体格大,体重符合品种标准;"3"——体格中等,体重略小于品种标准;"2"——体格小,体重显著小。

(十)外 形

用下列符号在长方形上标记羊只外形突出的优缺点。见附图 1-1。

(十一)腹 毛

腹毛着生情况在总评中间的一个圈上做下列标记。

〇——腹毛符合品种标准要求;〇——腹毛着生良好;〇——腹毛着生不良;〇——腹毛着生很差。

有环状弯曲时可在圈内做记号。

①——有少量环状弯曲;⊖——有较大面积的环状弯曲;⊗——环状弯曲严重。

(十二)总 评

〇〇〇〇〇——综合品质很好的羊,可列入特等。

〇〇〇〇——全面符合品种标准的羊。

○○○ ——品质中等的羊。

○○ ——品质差的羊。

也可在圈后附加"＋"、"－"号，以示中间型。

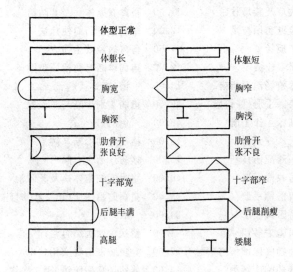

附图 1-1　羊的外形标记法

　　半细毛羊较之细毛羊头毛少，身上无皮肤皱褶，有些羊被毛为毛辫结构，鉴定方法略同，只在上述几个方面要求较低。

金盾版图书,科学实用,
通俗易懂,物美价廉,欢迎选购

以上图书由全国各地新华书店经销。凡向本社邮购图书或音像制品，可通过邮局汇款，在汇单"附言"栏填写所购书目，邮购图书均可享受9折优惠。购书30元（按打折后实款计算）以上的免收邮挂费，购书不足30元的按邮局资费标准收取3元挂号费，邮寄费由我社承担。邮购地址：北京市丰台区晓月中路29号，邮政编码：100072，联系人：金友，电话：(010)83210681、83210682、83219215、83219217(传真)。